基于软件无线电和 LabVIEW 的
通信实验教程

李　丞　熊　磊　姚冬苹　编著

清华大学出版社
北京交通大学出版社
·北京·

内 容 简 介

本书介绍了软件无线电（LabVIEW 和 USRP）工具，是针对通信原理和无线通信的实验教学指导书。本书图文并茂，学练结合，旨在加深学生对通信理论知识的理解，提高学生 LabVIEW 的使用技能。

全书共分 6 章，第 1 章至第 4 章介绍了 LabVIEW 和 USRP 的基本使用方法，包括 LabVIEW2012 中文版的操作界面、常用函数、数据类型、通信专业常用虚拟仪器、USRP 的基本配置与连接等；第 5 章、第 6 章介绍了基于通信原理和无线通信课程相关理论的 12 个实验，包括幅度调制、信源编码、信道编码、多输入多输出系统等实验。

本书主要面向 LabVIEW 的初、中级用户，可以作为通信工程专业本科生、研究生的实验教材，也可供有关工程技术人员和软件工程师参考。

图书在版编目（CIP）数据

基于软件无线电和 LabVIEW 的通信实验教程 / 李丞，熊磊，姚冬苹编著. —北京 ：北京交通大学出版社 ：清华大学出版社，2017.11（2021.7 重印）

ISBN 978-7-5121-3384-6

Ⅰ. ① 基… Ⅱ. ① 李… ② 熊… ③ 姚… Ⅲ. ① 软件无线电–教材 ② 软件工具–程序设计–教材 Ⅳ. ① TN92 ② TP311.56

中国版本图书馆 CIP 数据核字（2017）第 260364 号

基于软件无线电和 LabVIEW 的通信实验教程
JIYU RUANJIAN WUXIANDIAN HE LabVIEW DE TONGXIN SHIYAN JIAOCHENG

责任编辑：韩 乐　　助理编辑：严慧明

出版发行：清 华 大 学 出 版 社　　邮编：100084　　电话：010-62776969　　http://www.tup.com.cn
　　　　　北京交通大学出版社　　邮编：100044　　电话：010-51686414　　http://www.bjtup.com.cn
印 刷 者：北京鑫海金澳胶印有限公司
经　　销：全国新华书店
开　　本：185 mm×260 mm　　印张：9.5　　字数：237 千字
版　　次：2017 年 11 月第 1 版　　2021 年 7 月第 3 次印刷
书　　号：ISBN 978-7-5121-3384-6/TN·111
印　　数：2 501～3 500 册　　定价：29.00 元

序　言

在摩尔定律指数级的增长速度下，当今的技术发展可谓日新月异。由于具有通信工程这一专业背景，我本人最深切感受的是通信技术发展革新的速度：从最开始本科入学时还在组装模拟电话机，到研究生阶段完成 CDMA 系统的开发，再到今天与各大高校前沿通信团队合作，积极探索 5G 通信中 Massive MIMO、mmWave 等核心技术的研究开发。纵观这个发展过程，通信系统的性能和复杂度不断提高，对于新算法验证的迭代速度的要求越来越高，这些都给每一名通信研究人员和工程师提出了新的挑战。

近十年以来，软件无线电技术的出现为全球不同通信领域所面临的问题提供了一个崭新的解决方案。与当今迅速发展的移动互联网技术体系架构类似，软件无线电技术强调"软件定义"的作用。其核心是在一套通用的、高性能的硬件体系架构下（类似 iPhone 手机的硬件），提供了一套完整的软件开发平台和工具链（类似 iOS 系统和 App 开发 SDK）。基于这样的通用软、硬件体系结构，研究人员和工程师们可以基于"软件定义"快速开发不同的通信系统原型和应用，这大大降低了复杂通信系统设计的门槛，加速了通信系统开发的迭代速度；同时，使得研究人员和工程师们可以专注在所关注或者擅长的细分领域中充分发挥自身技术优势。

在软件无线电技术发展的过程中，伴随着 A/D、D/A、FPGA 及 DSP 等半导体技术的迅速发展，最新元器件的引入使得软件无线电平台的硬件性能（系统频段、带宽、吞吐率等）每一年都在经历明显的提升；然而在软件开发平台和工具链方面，却明显存在一个发展的不平衡：传统开源软件开发平台的入门和开发难度大，相关支持资源不足，以及缺少类似 Massive MIMO 这样复杂通信系统的通用架构等资源。在这一背景下，出现了以"软件就是仪器"定义虚拟仪器技术的图形化 LabVIEW 开发平台。由于其与"软件定义"核心理念的天然匹配，在市场上出现后，成为软件无线电技术软件开发平台和工具链的新选择。LabVIEW 友好的图形化开发环境，与软件无线电 USRP 硬件驱动的无缝连接，工具链中关于通信调制、编码的现有开发模块，以及包含 Massive MIMO 在内的系统设计通用架构等资源，使得 LabVIEW 成为软件层面加速软件无线电技术应用开发的得力工具，也是目前市场上进行 5G 算法开发的主流软件平台之一。

随着软件无线电技术在工业及研究领域的广泛应用，全球越来越多的高校已经或者正在计划将软件无线电技术融入到课程体系中，使通信人才的培养与产业的需求更加契合。通信工程领域的带头人张乃通院士在谈到通信工程专业课程体系时也提到"要'变'，现在的课程应该有所改革，要把软件无线电纳入学习体系，硬件是死的，软件是活的"。在这个趋势下，LabVIEW 作为软件无线电技术软件开发平台所带来的易用性、互动性，以及现成可用的通信模块等资源，在教学中体现出明显的优势，大大地降低了软件无线电技术作为教学辅助工具的门槛。这类教学模式在 UT Austin，UC Berkeley 等国际领先院校已经获得了较好的实践，然而，对国内大部分老师来说，这样的软件工具和平台还相对比较新，如何更好地应用并匹配国内教学体系的要求，是一个需要不断探索的问题。

北京交通大学通信工程专业的老师们在这个背景下，作为国内引入软件无线电和 LabVIEW 用于通信实验的先行者，在这个点上做了近 5 年的投入和尝试，并将宝贵的教学经验升华、提取、整理成书，形成了今天这本《基于软件无线电和 LabVIEW 的通信实验教程》。这本书面向的是更为广泛的基于软件无线电技术进行通信教学实验的老师和同学，一部分内容覆盖所需要用到的 LabVIEW 核心基础内容，而另一部分更为关注的是实验的精准设计，即如何基于这样的通用软、硬件平台和工具，帮助学生在每一个实验中以恰到好处的难度完成通信相关知识的学习和验证，同时体会到软件无线电带来的技术优势；在此基础上，也提供一定的扩展实验选择，尤其是高级实验篇基于一些行业项目提取的关键核心技术的学习和项目开发。应该说，这本书凝聚了北京交通大学通信工程专业多名老师的心血及多年教学实验迭代出来的精华。它能够节省很多通信工程专业教师开发实验的宝贵时间，并取得更好的教学效果。它也能够有效地帮助软件无线电这样主流的业界技术，更早地被通信专业甚至其他专业的学生所接触和应用，有效地改进现在很多通信教学实验还是基于模拟技术的老旧实验箱的局面。

最后，衷心感谢北京交通大学通信工程专业团队的老师们为人才培养和教学改革所作出的努力，同时也希望他们的成果可以帮助更多学校的学生受益！

美国国家仪器有限公司中国院校计划经理　潘　宇
2016.11.01

前　言

作为无线电工程的现代方法，软件无线电（software defined radio，SDR）不仅在工程领域获得广泛应用，也为通信的教学和研究提供了实用的软、硬件平台。本书基于美国国家仪器有限公司的 LabVIEW（laboratory virtual instrument engineering workbench）和通用软件无线电外设（universal software radio peripheral，USRP），共设计 12 个实验，内容涵盖"通信系统原理"和"无线通信基础"这两门通信工程专业必修课程中的重要概念和关键技术。

在具体实验设计中，本书力求减少传统的验证型实验，而增加系统级设计型、综合型实验，帮助学生更好地理解关键知识点，使学生能在实验中培养和提升工程实践能力。从而将传统教学中教师"以知识为本"的讲授模式转化为学生"以研究为本"的学习模式，把研究中的纯"软"（软件仿真）理论研究转化为现实可以听得见声、看得见影的"硬"（硬件平台）实际系统。在感受真实无线信号的过程中，激发学生的学习兴趣，锻炼学生的动手能力，培养学生的创新思维。

第 1 章介绍软件无线电的基本概念和本书使用的 LabVIEW+USRP 软件无线电平台。这章可帮助学生了解什么是软件无线电，并对 LabVIEW+USRP 软件无线电平台形成初步认识。第 2 章具体介绍软件平台 LabVIEW，从图形化编程软件的界面组成、常用函数与控件、数据类型等方面概述其基本使用方法。第 3 章介绍 LabVIEW 中通信常用的部分虚拟仪器，它们在后面实验中扮演重要角色。第 4 章介绍硬件平台 USRP 的基本操作。

第 5 章包括 6 个基础实验，分别为幅度调制实验、频率调制实验、信源编码实验、数字调制解调实验 I、数字调制解调实验 II 和信道编码实验（分组码）。幅度调制和频率调制是两种常见的模拟调制方式，完成的频率调制实验接收端可以收听到真实广播电台的节目。通过信源编码实验可实现对音频文件的编码。数字调制解调实验 I 需要在软件平台上完成两种常见数字调制方式（BPSK 和 QPSK）的仿真。数字调制解调实验 II 进一步完成 BPSK 和 QPSK 在硬件平台上的实现。信道编码实验（分组码）需要实现对一个 JPEG 图像文件的（7, 4）线性分组码的编解码。

第 6 章包括 6 个高级实验，分别为信道编码实验（卷积码）、分集实验、均衡实验、扩频实验、正交频分复用实验和多输入多输出系统实验。信道编码实验（卷积码）需要实现对一个 JPEG 图像文件的（2, 1, 5）卷积码的编解码。分集实验需要完成选择式合并、等增益合并、最大比值合并三种分集接收算法。均衡实验需要利用最小均方误差准则设计一种线性均衡器。扩频实验需要完成直接序列扩频和解扩。正交频分复用实验需要完成 OFDM 调制与解调。多输入多输出实验中，须级联多台 USRP 来搭建 2×2 多输入多输出系统。

为方便教师和学生使用本实验教程，书中对每个实验的介绍统一分为 4 个部分：实验目标、实验环境与准备、实验介绍、实验任务。其中，实验目标简洁说明本实验将要完成的系统功能和实验意义；实验环境与准备列出实验所需设备和预备基础知识；实验介绍关注整个实验系统，在帮助学生对整个程序有全面了解的基础上，重点介绍程序中关键模块，帮助学生在编程时能做到得心应手；实验任务具体描述待完成的各个程序的实现方法、使用和验证方法。

将课堂上所学的理论知识完整地应用于实验中是本书的特色之一。因此，在课堂上学完一章知识后，可以在本书中找到对应的实验来巩固所学的知识，加深对课堂理论知识的理解。本书中大部分实验是通过 USRP 硬件来实现真实无线链路的数据发送和接收，可以感受到真实无线信号，体验从信源到信宿一个完整的无线通信系统的实现流程。

本书由李丞统筹，李丞、熊磊、姚冬苹编写。本书得到美国国家仪器有限公司的大力帮助和支持，在此表示感谢！此外，北京交通大学的费丹、杨泊、裘凯迪、张伟华、杨美荣、廖佳纯、宋美荣、田宇、黄邦彦、王涛等结合自己的研究工作，对本书的编写和校对也做出了重要贡献，在此一并感谢！

由于时间仓促，加上编者水平有限，书中不足之处在所难免，敬请读者批评指正。

编　者
2017 年 10 月

目　　录

第1章 软件无线电平台简介

本章的主要内容包括：

（1）讲述软件无线电（software defined radio，SDR）的基本概念、发展历程及应用场景；

（2）介绍图形化编程语言——LabVIEW（laboratory virtual instrument engineering workbench）的基本概念、功能及使用方法；

（3）介绍通用软件无线电外设（universal software radio peripheral，USRP）的工作原理；

（4）介绍如何利用 LabVIEW 和 USRP 搭建后续实验所需的软件无线电平台。

本章的学习目标有：

（1）了解软件无线电概念；

（2）理解什么是图形化编程语言及 LabVIEW 的工作原理和优势；

（3）理解 USRP 的架构和使用方法；

（4）掌握搭建软件无线电平台的方法。

本章所涉及的关键术语有：

（1）软件无线电（software defined radio，SDR）；

（2）图形化编程语言（graphical programming language）；

（3）LabVIEW，它是由美国国家仪器有限公司开发的图形化编程语言软件；

（4）虚拟仪器（virtual instrument，VI），LabVIEW 中的子程序也叫作子 VI；

（5）数据流（dataflow）；

（6）通用软件无线电外设（universal software radio peripheral，USRP）。

1.1 软件无线电

1.1.1 软件无线电的定义和特点

软件无线电是多频段无线电，它具有宽带的天线、射频前端、模数/数模变换，能够支持多个空中接口和协议，在理想状态下，所有方面（包括物理空中接口）都可以通过软件来定义。它通过硬件和软件的结合使无线网络和用户终端具有可重配置能力。相同的硬件可以通过软件定义来完成不同的功能。软件无线电是一种新的无线电系统体系结构，是现代无线电工程的一种设计方法、设计理念。

由定义得出软件无线电应具备的特点为：① 软件无线电不是特定的某个系统，而是一种解决方案、一种设计思路；② 软件无线电要有适应多频段、宽频带和多种接口及协议的能力；③ 软件无线电的硬件平台要尽量简化，主要由软件实现其无线电功能；④ 软件无线电的软件应便于升级、修改和重构。

1.1.2 软件无线电的发展历程

无线通信是现代通信的重要组成部分，因其便于携带、架设方便、机动性强等特点在军事通信领域更加不可或缺。传统的军用电台往往是根据某种特定用途设计的，各个电台在工作频段、调制方式、通信协议、编码方式等通信特性上有很大差异，这导致不同电台之间的互联互通十分困难。同时，这种特定功能的电台在技术上会很快落伍，生命周期过短。后来，随着无线通信特别是数字化通信的发展，电台的灵活性和可拓展性有一定提高，但依旧无法完全满足军队对现代化通信和协同作战的要求。此外，民用通信中也存在通信设备之间互通性差的问题。为解决此问题，各国都进行了积极的探索。其中的一种解决方案是，用一个系列的电台来实现电台的多频段和多功能，这种方案在一定程度上可以解决互通性问题，但是它无法延长电台的生命周期，也会导致成本增加。

1992 年 5 月，MILTRE 公司的 Joseph Mitola Ⅲ 第一次明确提出软件无线电的概念，其核心思想是设计一种利用软件来控制和定义的电台，其系统的工作频段、调制方式、编码方式、加密方式、通信协议等都通过软件来实现。这种通信系统的功能更多体现在软件上，即通过修改和升级软件便可以很容易地改变其功能，使其具有较好的灵活性和开放性，从而大大延长了电台的使用寿命，节约了成本。

基于灵活性和开放性这两个突出优点，软件无线电概念一经提出就获得通信领域众多研究者的关注，并在军事通信、民用通信领域中都取得了广泛的应用。

1.1.3 软件无线电的基本架构

以开放、可拓展、结构精简的硬件作为通用平台，把尽可能多的无线电功能用可重构、可升级的构件化软件来实现，这就是软件无线电的基本思想。硬件电路往往功能单一且灵活性差，若想采用软件实现无线电功能，以此提高灵活性和可拓展性，就要尽可能减少硬件电路，尤其是减少模拟环节。也就是说，需要将数字化处理（A/D 和 D/A 转换）尽量向天线推移[1]。但如果直接推移到射频，需要过高的 A/D 和 D/A 转换速率，因此在实际应用中都会在 ADC/DAC 与天线之间设置射频前端模块，用来实现射频信号与中频信号之间的转换。

常见软件无线电系统结构图如图 1–1 所示。其中，一般要求天线须覆盖较宽的频段，以满足各种应用的需求。射频前端主要实现上/下变频、滤波、功率放大等功能。通过 A/D 转换的数字信号再经过专用数字信号处理器（digital signal processor，DSP）如数字下变频器（DDC）进行处理，降低数据速率，并把信号变换至基带，然后再利用 DSP 或者计算机进行低速率基带处理，包括常见的调制解调、编解码、加解密、均衡等。

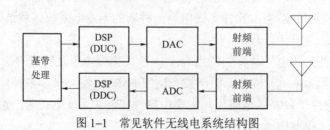

图 1–1　常见软件无线电系统结构图

1.2　LabVIEW 简介

1.2.1　什么是 LabVIEW

　　LabVIEW 的全称是 laboratory virtual instrument engineering workbench，是由美国国家仪器有限公司开发的一种图形化编程语言[2]。LabVIEW 采用直观、简洁并代表不同功能的图形符号，通过连线来完成数据传输。图形化编程语言省去了传统文本编程语言中的语法细节，使得编写程序和开发面向用户的图形界面变得更加容易，是一种能够大幅度提高开发效率的程序编写语言。

1.2.2　LabVIEW 的工作原理

　　每个 LabVIEW 程序都包含一个或多个虚拟仪器（virtual instrument，VI），可以把它们类比为传统文本编程语言中的主程序和子程序/函数。通过多个 VI 的组合，可以完成非常复杂的功能的实现。

　　每一个 VI 都由三部分组成：前面板、程序框图和连接器[3]。

1. 前面板

　　前面板是 VI 的用户界面，如图 1–2 所示。前面板通过控制按钮、指示灯、输入/输出、图形显示等多种控件实现输入数值的设置、观察输出、界面的美化修饰及真实仪表面板的模拟，其本质是程序面向用户的图形化界面，可完成用户和源代码的交互。

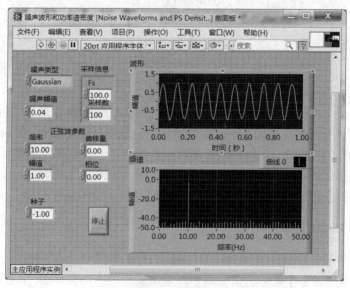

图 1–2　前面板

2. 程序框图

　　利用图形化编程语言可在程序框图中编写源代码，LabVIEW 的程序框图如图 1–3 所示。程序框图包括算术运算、逻辑运算、控制结构等函数及其他子程序，其作用是通过图形化的源代码实现运算和操作，并将结果反映在前面板中以呈现给用户。

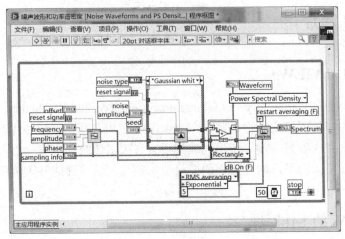

图 1-3　程序框图

3. 连接器

　　子程序的图标及其对应的连接器范例如图 1-4 所示，其中图 1-4（a）表示图标及输入/输出端口，图 1-4（b）表示该图标对应的连接器设置。通过连接器可以定义程序与外部的输入/输出端口，使得不同程序之间可以通过输入/输出端口实现调用。被调用的程序被称为子程序，类似于传统文本编程语言中的子程序。

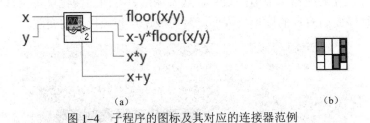

（a）　　　　　　　　　　　　　　　　　　　（b）

图 1-4　子程序的图标及其对应的连接器范例

　　需要注意的是，传统文本编程语言的执行顺序由语句和指令的先后顺序决定，而 LabVIEW 程序的执行顺序却与图标的摆放位置无关。这是因为 LabVIEW 程序的运行是基于数据流的，即基于程序框图中各种颜色和形状的连接线，一个对象（函数或者子程序）只有在收到数据流传送过来的必要输入数据后才开始运行。因此在 LabVIEW 中，节点间的数据流流向决定了程序的执行顺序。

1.2.3　LabVIEW 的优势

　　作为直观的图形化软件开发集成环境，LabVIEW 非常适合用户使用[1]。一方面，它不用考虑传统文本编程语言中琐碎的语法规则而采用轻松的图形化界面，节省了大量编程时间，使用户能够将更多精力集中在理论分析和原理验证上；另一方面，LabVIEW 提供许多实用的应用代码库，如数据显示、数据采集（DAQ）、信号处理、矩阵运算、串口仪器控制、通用接口总线（GPIB）等，用户利用这些应用代码库可以较轻松地完成工程应用中所需的运算和处理，而且能够方便地与其他计算机、仪器和嵌入式硬件进行连接和通信，组成更庞大的系统，完成更复杂的任务。

1.3 USRP 简介

USRP 是通用软件无线电外设（universal software radio peripheral）的简称，以常用的 NI USRP-2920 为例，其外观如图 1-5 所示，其系统架构图如图 1-6 所示[4]。

图 1-5 NI USRP-2920 的外观

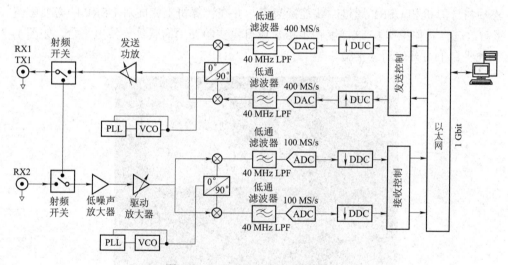

图 1-6 NI USRP-2920 系统架构图

在发送端，计算机处理过的 I/Q 两路数字基带信号通过以太网口传送给 USRP，然后经过数字上变频器（DUC）转换至中频，经过高速数模转换器（DAC）和低通滤波器后再与载波信号混频，最后通过功率放大，由天线发射。接收端是发送端的逆过程：接收的射频信号依次经过低噪声放大器、混频、低通滤波器、模数转换器（ADC）和数字下变频器（DDC）转化为数字基带信号，再通过以太网口传输到计算机以进行后续处理。

USRP 可以发送和接收射频信号，从而完成数字基带信号到模拟射频信号的转换。本书所有采用真实通信信道的实验均使用 USRP 作为软件无线电硬件平台。

1.4 构建软件无线电平台

1.2 节和 1.3 节分别介绍了软件无线电平台的编程环境（LabVIEW）和硬件部分（USRP），

本节主要讲述如何搭建后续实验使用的软件无线电平台。

首先请准备好以下软、硬件：

（1）计算机一台；

（2）USRP 设备一套；

（3）LabVIEW 安装文件；

（4）USRP 驱动程序；

（5）LabVIEW 调制工具包；

（6）LabVIEW 数学脚本 RT 模块；

（7）LabVIEW 数字滤波器设计工具包。

其中，计算机需要具备千兆网卡，并能够满足安装 LabVIEW 所需的最低配置要求。一套 USRP 设备包含一台 USRP、两根天线、一根网线、一根电源线。最好使用 LabVIEW 2012 或以上版本。USRP 驱动程序、LabVIEW 调制工具包、LabVIEW 数学脚本 RT 模块、LabVIEW 数字滤波器设计工具包的安装文件可以在 USRP 的随机套件中找到。

准备好以上软、硬件后，首先应在计算机上安装 LabVIEW 及其余四个驱动程序或工具包，然后将计算机和 USRP 通过网线连接起来，并在计算机上完成对 USRP 的必要配置（第 4 章将对此进行具体说明），这样就初步搭建成可供实验使用的软件无线电平台，如图 1-7 所示，在此平台上可开始后续实验。

图 1-7　实验使用的软件无线电平台

第 2 章 LabVIEW 入门

本章将介绍 LabVIEW 入门知识，包括 LabVIEW 基本特性、基本编程环境、基本操作、常用控制结构、数据类型和调试方式[5]。其中，部分内容参考美国国家仪器有限公司培训教材（已获得美国国家仪器有限公司授权）。本章可帮助读者更快地熟悉 LabVIEW，并能使用 LabVIEW 进行实验。

2.1 LabVIEW 导航

2.1.1 前面板

前面板窗口是 VI 的用户界面。新建或打开现有 VI，将出现 VI 前面板窗口。图 2-1 为前面板范例，其中左侧是前面板窗口，右侧为控件选板。

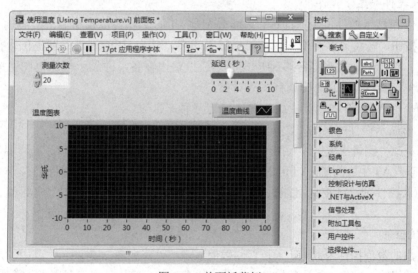

图 2-1 前面板范例

1. 控件选板

在前面板窗口选择【查看】|【控件选板】命令，可访问控件选板。控件选板上可显示不同的控件类，用户可根据需要显示部分或全部控件类。图 2-2 为显示了全部控件类的控件选板，展开的控件类为"银色"。常用的控件类包括新式、银色、系统、经典四种。

如要查看或隐藏控件类（子选板），可在控件选板上选择【自定义】|【更改可见选板】命令，在打开的对话框中，选中或取消选中相应的可见类别选项，单击【确定】按钮，完成设置。下面具体介绍几种常用控件。

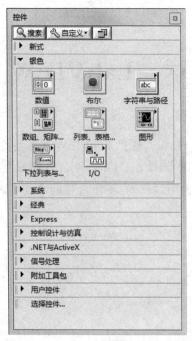

图 2-2　控件选板

1）输入控件和显示控件

输入控件和显示控件位于前面板，它们分别是 VI 的交互式输入和输出接线端。输入控件包括旋钮、按钮、转盘等多种形式，它模拟输入设备，并为 VI 的程序框图提供数据。显示控件包括图表、指示灯、波形图等多种形式，它模拟输出设备，并显示程序框图生成的数据。以图 2-1 为例，此 VI 的前面板具有下列对象：

（1）两个输入控件："测量次数"和"延迟（秒）"；

（2）一个显示控件：名为"温度图表"的图。

用户可更改"测量次数"输入控件和"延迟（秒）"输入控件的输入值。在"温度图表"显示控件中可查看 VI 生成的值，VI 可根据程序框图创建的代码生成显示控件的值。

每个输入控件或显示控件可能具有不同的数据类型，常用的数据类型有数值、布尔值和字符串。

2）数值控件

两个常用的数值控件为数值输入控件和数值显示控件，如图 2-3 所示，其中①是增量/减量按钮；②是数值输入控件；③为数值显示控件，仪表和转盘等控件也可用来表示数值数据。

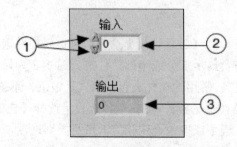

图 2-3　数值控件

如要输入或更改数值输入控件的值，可根据情况单击增量/减量按钮，也可以双击数值输入控件中的已有数值，键入新的数值，并按下 Enter 键。

3）布尔控件

布尔数据类型用来表示仅具有两种状态的数据，例如，真和假、开和关。布尔控件用于输入及显示布尔值。布尔对象包括模拟开关、按钮和指示灯。垂直摇杆开关和圆形指示灯的布尔控件如图 2-4 所示。

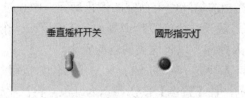

图 2-4　布尔控件（垂直摇杆开关和圆形指示灯）

4）字符串控件

字符串数据类型为 ASCII 字符序列。字符串输入控件用于从用户端接收密码、用户名等文本信息，字符串显示控件用于显示面向用户的文本信息。最常见的字符串对象为字符串输入控件（文本输入框）和表格，如图 2-5 所示。

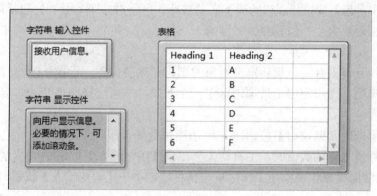

图 2-5　字符串控件

2. 前面板窗口工具栏

每个前面板窗口均带有工具栏，通过该工具栏可以运行和编辑 VI。前面板窗口工具栏如图 2-6 所示。

图 2-6　前面板窗口工具栏

单击【运行】按钮 运行 VI。如有需要，LabVIEW 将对 VI 进行编译。工具栏上的【运行】按钮显示为白色实心箭头 时，表示 VI 可以运行。如为 VI 创建连线板，白色实心箭头按钮 同时也表明可将该 VI 用作子 VI。VI 运行时，如果是顶层 VI，则【运行】按钮显示为 ，这表示运行的不是子 VI。如运行的是子 VI，则【运行】按钮显示为 。如正在创建或编辑的 VI 出现错误，则【运行】按钮显示为断开 。如程序框图完成连线后，而【运行】按钮仍显示为断开，则 VI 存在语法错误，无法运行。单击该按钮可显示错误列表窗口，里面列出程序的全部错误和警告。通过双击某个错误可实现错误定位，在将列出的错误一一改正后，可重新运行程序。

单击【连续运行】按钮，可连续运行 VI 直至用户中止或暂停操作。再次单击该按钮可禁用连续运行。

VI 运行时，工具栏中将显示【中止执行】按钮。如无其他方式可中止 VI，单击该按钮可立即停止 VI 的运行。多个运行中的顶层 VI 使用当前 VI 时，按钮显示为灰色。注意：【中止执行】按钮可令 VI 在当前循环结束前立即停止运行。中止时使用外部资源（如外部硬件）的 VI 可能会导致外部资源无法恰当复位或释放，并停留在一个未知状态。因此，应当为 VI 设计一个停止按钮（输入控件）以防这类问题的发生。

单击【暂停】按钮可暂停运行中的 VI。单击【暂停】按钮时，LabVIEW 程序框图中暂停执行的位置将高亮显示，且【暂停】按钮显示为红色。再次单击【暂停】按钮可继续 VI 的运行。

通过【文本设置】下拉列表框 17pt 应用程序字体 可更改 VI 中选中部分的字体设置，包括字体大小、样式和颜色。

单击【对齐对象】按钮右侧的下三角按钮，可对齐沿轴的对象，包括垂直中心对齐、上边缘对齐、左边缘对齐等对齐方式。

单击【分布对象】按钮右侧的下三角按钮，可将对象平均分布，包括间隔、压缩等。

单击【调整对象大小】按钮右侧的下三角按钮，可将多个前面板对象调整为相同的大小。

如有对象相互覆盖且用户想要定义对象的顶层和底层位置，可单击【重新排序】按钮右侧的下三角按钮。使用定位工具选中其中一个对象，并可选择向前移动、向后移动、移至前面或移至后面。

选择【显示即时帮助窗口】按钮，可切换是否显示即时帮助窗口。

为数值控件输入新的数值时，工具栏上会出现【确定输入】按钮，提醒用户只有按下 Enter 键，或在前面板或程序框图工作区单击鼠标，或单击【确定输入】按钮时，新数值才会替换旧数值。

提示：若键盘上有两个 Enter 键，则数值键盘上的 Enter 键用于结束文本的输入，主键盘上的 Enter 键将增添新的一行。如选择【工具】|【选项】命令，从【类别】列表中选择【环境】并勾选【使用回车键结束文本输入】选项，则这两个 Enter 键的功能均是结束文本输入。若键盘上只有一个 Enter 键，则它的默认功能为增添新的一行。

2.1.2　程序框图

程序框图是 LabVIEW 的编程界面，将不同功能的函数、子 VI 等按数据流流向相连，可实现所需功能。其中，接线端、节点等是程序框图的基本操作元素。程序框图中的函数选板提供各种功能的函数以满足编程所需。

1. 程序框图的基本操作元素

1）接线端

前面板窗口中的对象在程序框图上显示为接线端，类似于文本编程语言中的参数和常量。接线端是在前面板和程序框图之间交换信息的输入/输出端口，其类型包括输入控件接线端、显示控件接线端和节点接线端。其中，输入控件和显示控件接线端属于前面板控件。用户在前面板控件中输入的数据（如图 2-7（a）中的"A"和"B"）可通过控件接线端输入程序框图。然后，数据进入相应的函数。函数运算结束后，可输出运算结果数据。数据将被传输至显示控件接线端，此时前面板显示控件中的数据（如图 2-7（a）中的"A+B"和"A-B"）将得到更新。

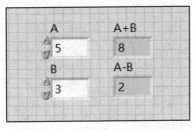
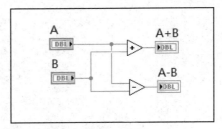

（a）前面板　　　　　　　　　　　　（b）程序框图

图 2-7　加减运算的前面板和程序框图

图 2-7 中的接线端包括 4 个前面板控件。因为接线端表示 VI 的输入端和输出端，故子 VI 和函数也具有相应的接线端。例如，在图 2-7（b）中，加函数和减函数的连线板均具有 3 个节点接线端。如要在程序框图上显示加函数的节点接线端，可右击加函数节点并从快捷菜单中选择【显示项】|【接线端】命令，此时原来的加函数符号 ▷ 将变为 ▶。

2）节点

节点可以是函数、子 VI 或结构（过程控制元素，如条件结构、For 循环或 While 循环），是程序框图上的对象，带有输入/输出端，可在 VI 运行时进行运算。它相当于文本编程语言中的语句、运算符、函数或子程序。图 2-7 中的加函数和减函数都是函数节点。

3）连线

连线用于在程序框图各对象间传递数据。在图 2-7 中，输入控件和显示控件接线端通过连线连接至加函数和减函数。每根连线都只有一个数据源，但可以与多个读取该数据的 VI 和函数连接。不同数据类型的连线有不同的颜色、粗细和样式。表 2-1 为常见的连线类型。

表 2-1　常见的连线类型

连线类型	标量	一维数组	二维数组	颜　色
数值型				橙色（浮点型） 蓝色（整型）
布尔型				绿色
字符串型				粉色

在 LabVIEW 中可通过连线将多个接线端连接起来，从而使数据在 VI 间传递，有关连线须注意以下两点。① 输入端和输出端的数据类型与连线传输的数据类型必须兼容，只有这样才能连线。例如，数组输出与数值输入之间不能连线。② 连线的方向必须正确。连线仅能连接一个输入端及一个或多个输出端。例如，两个显示控件间不能连线。判定连线是否兼容的因素包括输入控件的数据类型、显示控件的数据类型及接线端的数据类型。

2. 函数选板

函数选板中包含创建程序框图所需的 VI、函数及常量。在程序框图界面上选择【查看】|【函数选板】命令，可访问函数选板。函数选板上可显示不同的函数类，用户可根据需要显示和隐藏函数类。图 2-8 为显示全部函数类的函数选板，其中展开的函数类为"编程"。

图 2-8　函数选板

如要查看或隐藏函数类，可在函数选板上选择【更改可见选板】命令，在弹出的对话框中，通过选中或取消选中可更改可见选板选项。

1）输入控件、显示控件和常量

输入控件、显示控件和常量用作程序框图算法的输入端和输出端。以计算三角形面积为例，已知三角形面积=0.5×底×高。在该算法中，底和高为输入，面积为输出。计算三角形面积程序的前面板如图 2-9 所示。

由于用户无须更改或访问常量 0.5，因此该常量不会出现在前面板上，除非该常量包含在算法的文档内。

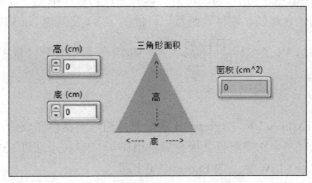

图 2-9　计算三角形面积的前面板

图 2-10 为该算法在 LabVIEW 程序框图上可能的实现方式，程序框图上有 4 个控件创建的接线端。其中，①是 2 个输入控件，②是显示控件，③是常量。

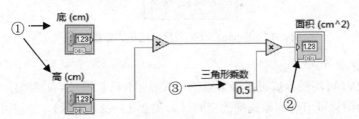

图 2-10　计算三角形面积的程序框图（接线端显示为图标）

注意： 程序框图上的输入控件和显示控件在外观上有明显的区别：第一个区别是指示数据流方向的接线端箭头不同，输入控件的箭头显示为数据离开接线端，显示控件的箭头显示为数据进入接线端；第二个区别为接线端的包围边框，输入控件的边框厚度比显示控件的边框厚度大。

接线端可采用图标显示或非图标显示。图 2-11 为同一程序框图采用非图标显示方式的接线端，但上述输入控件与显示控件在外观上存在的区别仍然存在。

对于本书第 5 章和第 6 章中的 12 个实验，力求程序框图简洁、端口名称显示方便查看，LabVIEW 程序框图中输入控件和显示控件的显示方式默认设为 "未显示为图标"。

图 2-11　计算三角形面积的程序框图（接线端显示为非图标）

2）子 VI

子 VI 为用户创建的可在其他 VI 内部调用或通过函数选板访问的子程序。任何 VI 均可用作子 VI。双击程序框图中的子 VI，可查看其前面板和程序框图。前面板包含输入控件和显示控件，程序框图包含连线、图标、函数、可能的子 VI 及其他 LabVIEW 对象。前面板和程序框图右上角均显示 VI 的图标。如 VI 用作子 VI，程序框图中显示的即为子 VI 的图标。

子 VI 也可以是 Express VI。Express VI 的配置是通过对话框完成的，它需要连线最少的节点以完成常规测量任务，它经配置并保存后可用作子 VI。关于通过 Express VI 配置创建子 VI 的详细信息，见 LabVIEW 帮助的 Express VI 主题。

LabVIEW 使用彩色图标区分程序框图上的 Express VI 和其他 VI。程序框图中 Express VI 的图标底色为蓝色（如图 2-12 所示），子 VI 的图标底色为黄色。

图 2-12　Express VI 的图标（底色为蓝色）

3）图标与可扩展节点

VI 和 Express VI 可用图标或可扩展节点的形式显示，可扩展节点通常显示为具有彩色背景的图标。显示为图标可节省程序框图的空间（如图 2-13（a）所示），使用可扩展节点则便于连线，并有助于用户为程序框图添加说明。在默认状态下，子 VI 在程序框图上显示为图标，Express VI 显示为可扩展节点。如须将子 VI 或 Express VI 显示为可扩展节点，右击子 VI 或 Express VI 并从快捷菜单中取消勾选【显示为图标】选项即可得到可扩展节点（如图 2-13（b）所示）。

用户可调整可扩展节点的大小以简化连线，但这将占用更多的程序框图空间。按照下列步骤可调整程序框图上可扩展节点的大小：

（1）将定位工具移到可扩展节点上，可扩展节点顶部和底部将出现调节柄；

（2）移动光标到调节柄处；

（3）向下拖动可扩展节点边界，将出现新的接线端，如图 2-13（c）所示，至出现的接线端达到所需个数后，松开鼠标左键；

（4）单击每个接线端，在下拉菜单中，选择所需的接线端名称；

注意：若拖动节点边界时超过了程序框图窗口，松开鼠标左键，则将自动取消大小调整操作。

3. 程序框图工具栏

运行 VI 时，用户可使用程序框图工具栏上出现的按钮调试 VI，程序框图工具栏如图 2-14 所示。

单击【高亮显示执行过程】按钮，可动态显示程序框图的执行过程，查看程序框图中数据的流动状态。再次单击该按钮可取消相关操作。

单击【保存连线值】按钮，将探针置于连线中时将保存执行过程中各个点的连线值。

通过该按钮用户在重新打开探针监视窗口时，仍可以马上获取通过该连线的最新数据值。用户至少需要成功运行 VI 一次才能获取连线值。

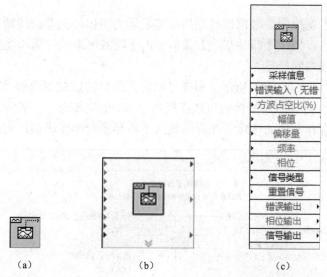

| (a) | (b) | (c) |

图 2-13 图标与可扩展节点（以"基本函数发生器"VI 为例）

单击【单步步入】按钮，可打开一个节点并暂停，也可在键盘上同时按下 Ctrl 键及↓键。再次单击【单步步入】按钮时，将执行第一个操作，然后在子 VI 或结构的下一个操作前暂停。VI 的单步执行是指从一个节点移动至另一个节点。当节点已准备就绪即可以执行时，节点将闪烁。

单击【单步步过】按钮，可执行节点并在下一个节点前暂停，也可在键盘上同时按下 Ctrl 键及→键。单步步过节点执行时，无须单步执行节点。

单击【单步步出】按钮，可结束当前节点的执行并暂停，也可在键盘上同时按下 Ctrl 键及↑键。VI 执行结束后，【单步步出】按钮将变为灰色。通过单步步出节点，可单步执行节点并移动至另一节点。

单击【整理程序框图】按钮，可自动布局现有连线并重新排列程序框图上的对象，以获得更清晰的布局。如要配置整理选项，在前面板菜单栏中选择【工具】|【选项】命令，弹出【选项】对话框，从左侧【类别】列表中选择【程序框图】，然后在对应右侧的【程序框图整理】部分进行配置即可。

如在错误列表中勾选了显示警告复选框，则当 VI 包含警告时将弹出警告按钮。警告表示程序框图包含潜在的问题，但这些问题不会影响 VI 的运行。

图 2-14 程序框图工具栏

4.【即时帮助】窗口

移动光标至 LabVIEW 对象时，【即时帮助】窗口可显示该对象的基本信息。在菜单栏中选择【帮助】|【显示即时帮助】命令或按下 Ctrl+H 键或单击工具栏上的【显示即时帮助窗口】按钮，均可切换至【即时帮助】窗口。

移动鼠标至前面板和程序框图对象时，【即时帮助】窗口显示子 VI、函数、常量、输入控件和显示控件的图标及每个接线端连线。移动鼠标至对话框选项时，【即时帮助】窗口将显示选项的说明。

在【即时帮助】窗口中，必需接线端的标签显示为粗体，推荐接线端显示为纯文本，可选接线端显示为灰色。如在【即时帮助】窗口单击【隐藏可选接线端和完整路径】按钮 📁，则不会出现可选接线端的标签。

【即时帮助】窗口如图 2–15 所示。单击【即时帮助】窗口左下角的【显示可选接线端和完整路径】按钮 📁，可显示连线板的可选接线端及 VI 的完整路径。若可选接线端显示为接线头，则提示用户存在其他的连接。在详细模式下将显示全部接线端，如图 2–15 所示。

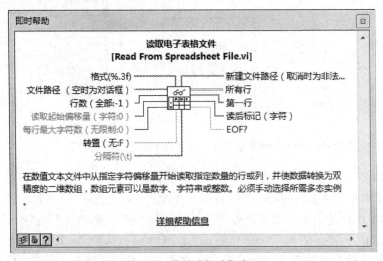

图 2–15 【即时帮助】窗口

单击【锁定】按钮 🔒，可锁定【即时帮助】窗口。锁定后，移动鼠标至其他对象时将不会改变【即时帮助】窗口的内容。再次单击该按钮可解除锁定。通过菜单栏中的【帮助】│【锁定即时帮助】命令也可锁定【即时帮助】窗口。

如【即时帮助】窗口中的对象在 LabVIEW 帮助中也有相应的介绍，则在【即时帮助】窗口中会出现一个蓝色的【详细帮助信息】链接 **详细帮助信息**。同时，左下角有【详细帮助信息】按钮 ❓。单击链接或该按钮，可显示 LabVIEW 帮助中有关该对象的详细信息。

2.1.3 数据流

LabVIEW 按照数据流模式运行 VI。具备所有必需的输入后，程序框图节点开始运行。节点在运行时产生输出数据，并将该数据传送给数据流路径中的下一个节点。数据流经节点的先后决定程序框图上 VI 和函数的执行顺序。

Visual Basic、C++、Java 及绝大多数其他文本编程语言都遵循程序执行的控制流模式。在控制流中，程序元素在文本中的位置先后顺序决定了程序的执行顺序。

接下来介绍一个数据流编程范例，如图 2–16 所示。程序框图中包含 2 个数值并进行加法运算，然后从和值中减去 50.00。在该范例中，程序框图从左至右执行，这不是因为图中对象的摆放次序，而是因为必须等加函数执行结束并将结果数据传递至减函数后，减函数才能开始执行。需要注意的是，仅当节点的全部输入端上的数据都准备就绪后，节点才能开始执行。仅当节点执行结束后，数据才能被传递至输出接线端。

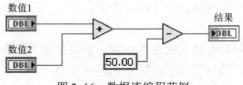

图 2-16　数据流编程范例

图 2-17 为多个代码片段的数据流范例。对于图中哪一部分函数（加函数、随机数生成函数还是除函数）将先执行这一问题，并没有确定的答案，因为加函数和除函数的数据是同时输入的，且随机数生成函数不需要输入。在一部分代码必须优先于另一部分代码执行，且函数之间不存在数据依赖的条件下，可考虑使用其他编程方式（如顺序结构）来强制确定执行的顺序。

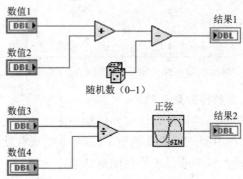

图 2-17　多个代码片段的数据流范例

2.2　编程基础

本节将介绍如何在 LabVIEW 中实现代码，主要内容包括设计用户界面、选择数据类型[3]、注释代码、使用循环结构[2-3, 5-6]（如 While 循环和 For 循环）、添加软件定时至代码及在代码中使用条件结构[4]等。

2.2.1　前面板基本介绍

在软件开发的设计阶段定义系统的输入和输出，该定义将直接影响前面板窗口的设计。输入数据可来自：

（1）外部数据采集设备；

（2）从文件中直接读取；

（3）前面板的操作输入控件。

通过输入控件（如数值、布尔或字符串控件）可显示设计的输入，但并非全部输入均显示在前面板上。

通过显示控件（如图、表或 LED）可显示设计的输出，并可将输出记录在文件中或使用信号生成器将数据输出至设备。

1）选择合适的输入控件和显示控件形式

根据要执行的任务选择相应形式的输入控件和显示控件。例如，显示正弦波的频率时可选择转盘控件，显示温度时可选择温度计显示控件。

2）制定标签

为输入控件和显示控件制定清晰的标签名称。标签能够帮助用户识别每个输入控件和显示控件的用途，同时，清晰的标签命名能够帮助用户注释程序框图代码。输入控件和显示控件的标签分别对应程序框图的接线端名称，如图 2-18 所示。

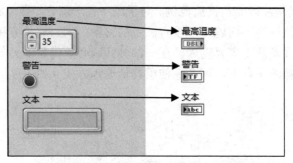

图 2-18　前面板输入控件和显示控件在程序框图上的标签显示

3）设置输入控件和显示控件的默认值

用户可设置输入控件和显示控件的默认值。例如在图 2-19 中，"最高温度"控件的默认值为 35 ℃。用户在运行过程中如未设置其他值，LabVIEW 选取默认值作为控件取值。

按照下列步骤可设置输入控件或显示控件的默认值：

（1）输入所需值；

（2）右击输入控件或显示控件，在快捷菜单中选择【数据操作】|【当前值设置为默认值】命令。

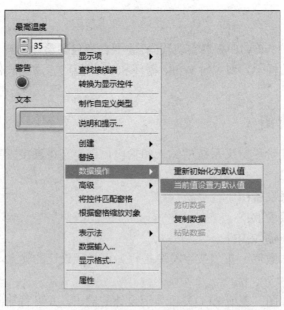

图 2-19　设置默认值

如果想要在前面板中同时重新初始化全部输入控件和显示控件，则可从 LabVIEW 菜单栏中选择【编辑】|【当前值设置为默认值】命令或【编辑】|【重新初始化为默认值】命令。

2.2.2　LabVIEW 数据类型

1. 属性设置

1）程序框图接线端和数据类型

程序框图接线端可直观地向用户传递接线端表示的数据类型信息。例如，在图 2-11 中，"高（cm）"为双精度浮点型数值，这一信息可从接线端的颜色（橙色）及接线端文本信息 DBL 得出。

接线端名称对应于前面板输入控件和显示控件的标签名称。右击接线端，从快捷菜单中选择【查找输入控件】命令或【查找显示控件】命令，可在前面板上定位输入控件或显示控件的位置。

2）快捷菜单

所有 LabVIEW 对象都有相应的快捷菜单，也称即时菜单、弹出菜单或右击菜单。创建 VI 时，可使用快捷菜单上的选项改变前面板和程序框图上对象的外观或运行方式，右击对象可查看快捷菜单。图 2-20 为前面板和程序框图对象的快捷菜单。

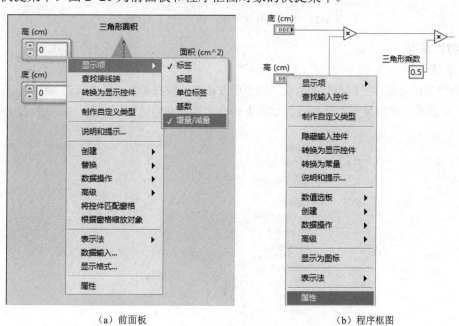

（a）前面板　　　　　　　　　　　　　　（b）程序框图

图 2-20　前面板和程序框图对象的快捷菜单

3）属性对话框

对象也具有属性对话框，可通过该对话框更改对象的外观或动作。右击对象，从快捷菜单中选择【属性】命令，可打开对象的属性对话框。图 2-21 为图 2-11 中的"高（cm）"接线端的属性对话框。对象的属性对话框中的可用选项与对象快捷菜单中的选项类似。

用户可选择前面板或程序框图上的多个对象，并编辑这些对象共有的属性。使用定位工具将全部要编辑的对象拖放在一个长方形区域内，或在按下 Shift 键的同时依次单击各待编辑对象以选择全部对象。右击选中的一个对象，从快捷菜单中选择【属性】命令，打开属性对话框。此时，属性对话框仅显示选中对象共有的选项卡和属性，选择相似的对象可显示多个共有的选项卡和属性。如选择的多个对象没有公共属性，则属性对话框中不会显示任何选项卡或属性。

图 2-21　【数值类的属性：高（cm）】对话框

2. 数据类型

1）数值

数值型数据可表示不同类型的数值。如要更改数值的数据类型，右击该输入控件、显示控件或常量，在出现的快捷菜单中选择【表示法】命令，选择合适的数据类型，如图 2-22 所示。

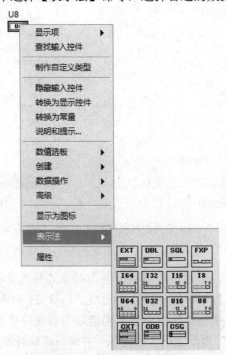

图 2-22　数值的数据类型

如果把两个或多个采用不同表示法的数值输入连接到同一个函数，则函数返回的输出数据将使用涵盖范围较大的数值格式。例如，函数在执行前会自动将短精度表示法强制转换为长精度表示法。在 LabVIEW 中，发生数值转换的接线端端口将出现一个强制转换点。

数值型数据类型分为三类——浮点数、整数和复数。

（1）浮点数

浮点数是有理数中某特定子集的数字表示，可近似表示某个实数。在 LabVIEW 中，浮点数用橙色表示，包括以下类型。

① 单精度（SGL）：单精度浮点数为 32 位 IEEE 单精度格式。在内存空间有限且不会出现数值范围溢出时，应使用单精度浮点数。

② 双精度（DBL）：双精度浮点数为 64 位 IEEE 双精度格式，双精度是数值对象的默认格式，大多数情况下应使用双精度浮点数。

③ 扩展精度（EXT）：保存扩展精度浮点数到磁盘时，LabVIEW 将其保存为独立于平台的 128 位格式。仅在必要的时候，才使用扩展精度浮点数。扩展精度算术的运行速度根据平台有所不同。

（2）整数

有符号整数类型（包括 I8、I16、I32、I64）可以表示正数，也可以表示负数。如果已知整数总是正数，则可使用无符号整数类型（包括 U8、U16、U32、U64）。在 LabVIEW 中，整数用蓝色表示。

LabVIEW 将浮点数转化为整数时，VI 将把数字舍入到最近的整数。如果为两个整数的中间值，则返回最近的偶数。

① 单字节整型（I8）：单字节整型的存储空间为 8 位，范围是–128～127。

② 双字节整型（I16）：双字节整型的存储空间为 16 位，范围是–32 768～32 767。

③ 长整型（I32）：长整型的存储空间为 32 位，范围是–2 147 483 648～2 147 483 647。多数情况下应优先选择使用长整型。

④ 64 位整型（I64）：64 位整型的存储空间为 64 位，范围是–1 e19～1 e19。

⑤ 无符号单字节整型（U8）：无符号单字节整型的存储空间为 8 位，范围是 0～255。

⑥ 无符号双字节整型（U16）：无符号双字节整型的存储空间为 16 位，范围是 0～65 535。

⑦ 无符号长整型（U32）：无符号长整型的存储空间为 32 位，范围是 0～4 294 967 295。

⑧ 无符号 64 位整型（U64）：无符号 64 位整型的存储空间为 64 位，范围是 0～2 e19。

（3）复数

复数是将实部与虚部相连接的浮点数。在 LabVIEW 中，由于复数为浮点型，因此复数也表示为橙色。复数有三种类型。

① 单精度复数（CSG）：单精度复数由 32 位二进制 IEEE 单精度的实数和虚数组成。

② 双精度复数（CDB）：双精度复数由 64 位二进制 IEEE 单精度的实数和虚数组成。

③ 扩展精度复数（CXT）：扩展精度复数由 IEEE 扩展精度的实数和虚数组成。在内存中，扩展精度型数值的大小和精度根据平台有所不同，如在 Windows 平台使用 128 位 IEEE 扩展型精度格式。

LabVIEW 可将数值数据类型表示为有符号或无符号整数、浮点数或复数。一般来说，当函数输入端连接不同类型的数据时，函数返回的输出数据将使用涵盖范围较大的格式。例如：同时使用有符号整型数值和无符号整型数值时，LabVIEW 将数值强制转换为无符号整型；同时使用无符号整型数值和浮点型数值时，LabVIEW 将数值强制转换为浮点型；同时使用浮点型数值和复数型数值时，LabVIEW 将数值强制转换为复数型。使用数据类型相同但比特位宽度不同的数值时，LabVIEW 将数值强制转换为两者中比特位宽度较大的数值的格式。如果比特位宽度相同，LabVIEW 将在无符号整型数值和有符号整型数值中优先选择无符号整型数值。

例如，连线 DBL 和 I32 至乘函数输入端时，输出结果为 DBL，如图 2-23 所示。相比于双精度浮点型数值，有符号整型数值使用较少的比特位，因此 LabVIEW 将 32 位有符号整型强制转换为双精度浮点型。乘函数的较低输入端显示了一个红色的点（强制转换点），这表明 LabVIEW 执行了强制转换数据的操作。

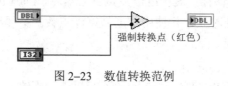

图 2-23   数值转换范例

2）布尔值

LabVIEW 用 8 位二进制数保存布尔数据。如 8 位二进制数值为零，表示为 FALSE；所有非零的值都表示为 TRUE。在 LabVIEW 中，布尔数据表示为绿色。布尔值具有相关联的机械动作，其中两个主要的动作为触发和转换。右击某布尔控件，在快捷菜单中选择【机械动作】，可选择合适的动作类型，如图 2-24 所示。有以下 6 种按钮动作供选择。

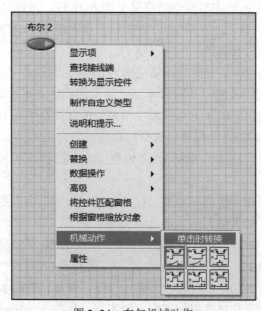

图 2-24   布尔机械动作

① 单击时转换：每次以操作工具（比如鼠标）单击控件时，控件值改变。VI 读取该控件值的频率与该动作无关。

② 释放时转换：仅当在控件的图片边界内单击一次鼠标后放开鼠标时，控件值改变。VI 读取该控件值的频率与该动作无关。

③ 保持转换直到释放：单击控件时改变控件值，该控件值一直被保留直到鼠标释放，此时控件值将返回至默认值，这与门铃相似。VI 读取该控件值的频率与该动作无关。单按钮控件不可选择该动作。

④ 单击时触发：单击控件时改变控件值，该控件值一直被保留直到 VI 读取该控件。此时，即使长按鼠标控件值也将返回至默认值。该动作与断路器相似，适用于停止 While 循环或令 VI 在用户每次设置控件时只执行一次。单按钮控件不可选择该动作。

⑤ 释放时触发：仅当在控件的图片边界内单击一次鼠标后释放鼠标时，控件值改变。VI 读取该动作一次，则控件返回至默认值。该动作与对话框按钮和系统按钮的动作相似。单按钮控件不可选择该动作。

⑥ 保持触发直到释放：单击控件时改变控件值，该控件值一直被保留直到 VI 读取该值一次或用户释放鼠标。单按钮控件不可选择该动作。

3）字符串

字符串是可显示的或不可显示的 ASCII 字符序列，它提供一个独立于操作平台的信息和数据格式。常用的字符串操作如下所示。

（1）创建简单的文本信息。

（2）发送文本命令至仪器，以 ASCII 或二进制字符串的形式返回数据，然后转换为数值，从而控制仪器。

（3）将数值数据存储到磁盘。如需将数值型数据保存到 ASCII 文件中，须在数值型数据写入磁盘文件前将其转换为字符串。

（4）用对话框指示或提示用户。

在前面板上，字符串以表格、文本输入框和标签的形式出现。LabVIEW 提供用于对字符串进行操作的内置 VI 和函数，可对字符串进行格式化、解析字符串等编辑操作。

在 LabVIEW 中，字符串以粉色表示。关于 ASCII 码和转换函数的详细信息，见 LabVIEW 帮助中的 ASCII 码主题。

4）枚举型

在 LabVIEW 中，枚举型提供了一个选项列表，其中每一项都包含一个由字符串标识和数字标识组成的数据对，数字标识表征该项在列表中的顺序。例如，创建名称为 Month 的枚举值，可能的枚举值对为 January–0、February–1 直至 December–11。图 2–25 为在枚举型控件的属性对话框中设置数据对的范例。

枚举型非常有用，因为在程序框图上处理数字比处理字符串简单得多。图 2–26 为 Month 枚举型控件范例。

23

图 2-25 【枚举类的属性：Month】对话框

（a）Month 枚举型控件　　　　（b）Month 枚举型控件的选项列表　　　（c）Month 枚举型控件在程序框图中的接线端

图 2-26　Month 枚举型控件范例

2.2.3　While 循环

与文本编程语言的 Do 循环或 Repeat-Until 循环类似，While 循环将执行子程序直到满足某一条件为止。图 2-27 为 LabVIEW 中的 While 循环范例。

While 循环位于结构子选板。右击程序框图空白处，在快捷菜单中选择【编程】|【结构】|【While 循环】命令，在程序框图上拖拽出所需大小的矩形 While 循环区域，释放鼠标左键，生成 While 循环框图。在 While 循环框图内，可编辑待循环的程序。

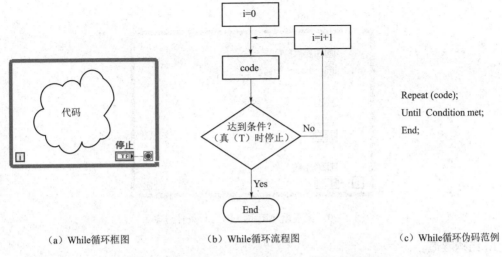

（a）While循环框图　　　　（b）While循环流程图　　　　（c）While循环伪码范例

图 2-27　While 循环（以"真（T）时停止"为例）

While 循环执行子程序直到循环条件接线端接收到特定布尔值为止。While 循环没有固定的循环总数，但至少执行一次；如无法达到结束条件，循环将无限次执行。

例如，条件接线端选择"真（T）时停止"，然后在 While 循环外放置一个布尔控件。循环开始时，如果将布尔控件设置为"FALSE"，该循环就是一个无限循环，如图 2-28 所示。如将该布尔控件设置为"TRUE"，条件接线端选择"真（T）时继续"，也会导致无限循环。

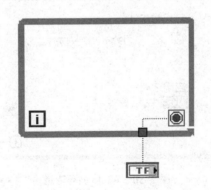

图 2-28　无限循环（输入布尔控件选择为"FALSE"）

在图 2-28 所示的例子中，布尔控件在循环框图外，该控件的值只在循环开始前被读取一次，因此在程序运行过程中改变控件的值并不能停止无限循环。要想停止该无限循环，可单击工具栏上的【中止执行】按钮，从而中止整个 VI。

循环计数接线端是一个输出接线端，它可显示已完成的循环次数，While 循环的循环计数从 0 开始。

在图 2-29 所示的程序框图中，While 循环执行至随机数生成函数的输出端大于或等于 0.9 且"启用？"控件的值为真（T）时为止。仅当两个输入端的值均为真时，与函数返回真，此时循环停止。此范例因判断条件过多而增加了无限循环的可能性。

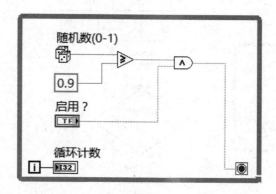

图 2-29   无限循环范例（因判断条件过多）

1. 结构隧道

隧道实现从结构外接收数据或将数据输出结构。隧道在 While 循环的边框上显示为实心方块，该方块的颜色为连接至隧道的数据类型的颜色。隧道向循环传送数据时，须所有数据均到达隧道后，循环才能执行。循环结束后，数据传出隧道。

在图 2-30 所示的程序框图中，循环计数接线端连接至隧道。While 循环执行结束后，隧道中的值（循环计数接线端的最终值）才会被传输并显示在"计数"显示控件中。

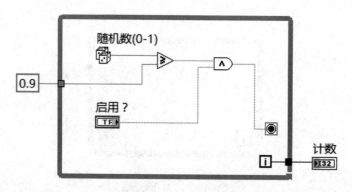

图 2-30   While 循环隧道

2. 使用 While 循环进行错误检查和错误处理

使用 While 循环的循环条件接线端也可执行基本的错误处理。将错误簇连接到条件接线端时，仅有错误簇的状态参数（TRUE 或 FALSE）传递至该接线端，此时，右击条件接线端后，展开的快捷菜单中的选项【真（T）时停止】和【真（T）时继续】也相应变为【错误时停止】和【错误时继续】。如选择【错误时停止】，当生成错误时，循环中止。

图 2-31 为停止 While 循环范例，在图 2-31 中同时使用了错误簇和停止按钮判定何时停止 While 循环，推荐在编程时使用此法判定何时停止 While 循环，因为采用该方法后，无论是主动要求还是遇到错误都能立即停止 While 循环。

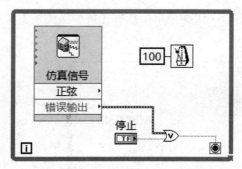

图 2-31　停止 While 循环范例

2.2.4　For 循环

与 While 循环不同，For 循环按设定的循环次数执行子程序框图。图 2-32 为 For 循环范例。

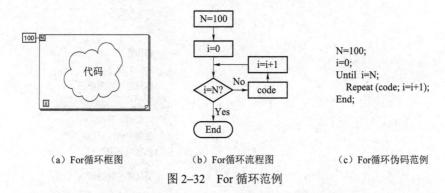

（a）For循环框图　　　　　（b）For循环流程图　　　　　（c）For循环伪码范例

图 2-32　For 循环范例

For 循环位于结构子选板。如果用户在程序框图上放置的是 While 循环，右击 While 循环框图边框并从快捷菜单中选择【替换为 For 循环】命令，可将 While 循环替换为 For 循环。For 循环的循环总数接线端 N 是一个输入接线端，其值表示重复执行该子程序框图的次数。循环计数接线端 i 是一个输出接线端，输出当前已完成的循环次数。For 循环的循环计数从 0 开始。图 2-33 为 For 循环范例，图中的 For 循环每秒循环一次同时生成一个随机数，持续 100 秒并在随机数显示控件中实时显示当前随机数。

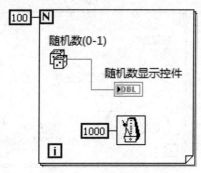

图 2-33　For 循环范例

1. 在 For 循环中添加条件接线端

可为 For 循环添加一个条件接线端，使其在满足布尔条件或发生错误时停止循环。

27

右击 For 循环框图边框，在快捷菜单中选择【条件接线端】命令，如图 2–34 所示，可为 For 循环添加条件接线端。

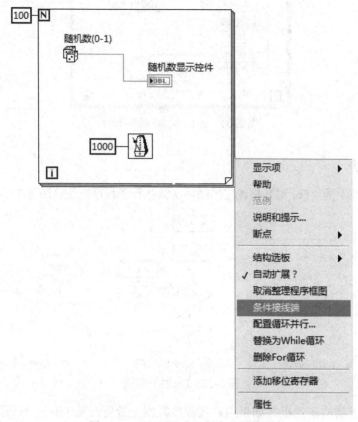

图 2–34　For 循环中添加条件接线端

有条件接线端的 For 循环在满足判断条件或达到循环总数时停止循环，以先实现的条件为准。如果 For 循环设置为条件退出，则循环总数接线端带有一个红色符号，循环框图右下角有一个条件接线端，如图 2–35 所示。该图中范例的逻辑为：For 循环每秒生成一个随机数，持续 100 秒或当用户单击停止按钮时结束循环。

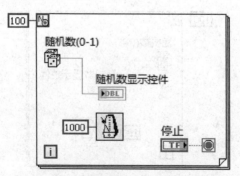

图 2–35　设置为条件退出的 For 循环

2. 使用 For 循环进行错误检查和错误处理

对于具有条件接线端的 For 循环，仍必须为循环总数接线端赋值或通过输入数组自动索引来设置循环的最大次数。使用 For 循环内条件接线端也可执行基本的错误处理，相关理论知识可参考 2.2.3 节中的内容。当发生错误或设置的循环次数完成后，For 循环将停止运行。

3. For 循环中的数值转换

连线不同类型的数据至函数输入端时，函数返回的输出数据将使用涵盖范围较大的格式。然而，与常见的数值转换标准不同，如果连线双精度浮点数至 For 循环的 32 位循环总数接线端（如图 2–36 所示），由于 For 循环仅能执行整数次循环，因此 LabVIEW 将会将精度较大的浮点数强制转换为接线端数值要求的 32 位有符号整数。

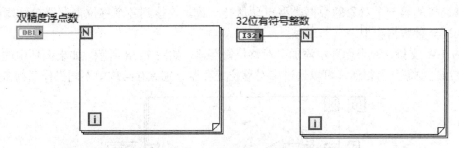

图 2–36　For 循环的数值强制转换

如图 2–37 所示，为了获得更好的性能，用户应尽量使用相匹配的数据类型（如图 2–37（a）所示）或通过编程将数据类型转换为相匹配的数据类型（如图 2–37（b）所示），以避免使用数值强制转换。

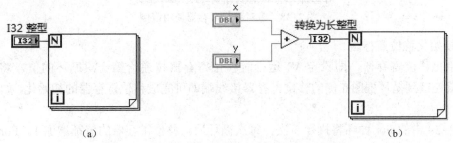

（a）　　　　　　　　　　　　　　　　　　　　　　（b）

图 2–37　保证输入数据类型与接线端匹配的两种方式

4. For 循环和 While 循环的比较

For 循环和 While 循环存在几个显著区别，见表 2–2。

表 2–2　For 循环和 While 循环的比较

For 循环	While 循环
如未添加条件接线端，For 循环按照设定的循环总数执行	仅当条件接线端接收到符合条件的值时才停止执行
可执行 0 次	至少执行 1 次
隧道默认输出一个数组	隧道默认输出最后一次执行的值

2.2.5　循环中的数据反馈

使用循环编程时，经常需要访问上一次循环所得的数据。例如，若想采集每次循环所得数据并计算每 5 个数据的平均值，用户必须能够获取上一次循环所得数据。这时，就需要使用 LabVIEW 中的移位寄存器。

1. 移位寄存器

移位寄存器可用于将上一次循环所得的值传递至下一次循环,相当于文本编程语言中的静态变量。右击循环框图的左侧或右侧边框,从快捷菜单中选择【添加移位寄存器】命令,可以创建一对移位寄存器▼ ▲。它以一对接线端的形式出现,分别位于循环框图左右两侧的边框上,位置相对。右侧接线端含有一个向上的箭头,用于存储每次循环结束时的数据,并在下一次循环执行前,将该数据传递到左侧对应的寄存器端子。移位寄存器可以传递任何类型的数据,并和与其连接的第一个对象的数据类型自动保持一致。连接到各个移位寄存器接线端的数据必须属于同一种数据类型。

LabVIEW 支持在一个循环中添加多对移位寄存器,如图 2-38 所示。如果循环中的多个操作都需使用之前循环所得值,可以通过多对移位寄存器分别保存结构中不同操作所得数据值。

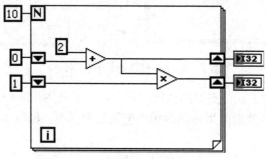

图 2-38　多对移位寄存器使用范例

2. 初始化移位寄存器

初始化移位寄存器,即设定 VI 运行时移位寄存器传递给第一次循环的值。将输入控件或常量连接到循环框图左侧的移位寄存器接线端即可完成移位寄存器的初始化,如图 2-39 所示。

图 2-39 中的 For 循环将执行 5 次,每次循环后,移位寄存器的值都增加 1。For 循环完成 5 次循环后,移位寄存器将最终值（5）传递给数值显示控件并结束 VI 运行。每次运行该 VI,移位寄存器的初始值均为 0。

相比而言,未经初始化的移位寄存器（见图 2-40）将保留 VI 多次运行之间的状态信息,循环初始值将使用上次运行后写入该移位寄存器的值。在循环初次运行时,移位寄存器使用该数据类型的默认值作为初始值。

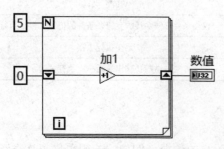 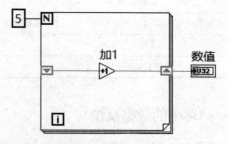

图 2-39　经初始化的移位寄存器　　　图 2-40　未经初始化的移位寄存器

图 2–40 中的 For 循环将执行 5 次，每次循环后，移位寄存器的值都增加 1。第一次运行 VI 时，移位寄存器的初始值为 0，即 32 位整型数据的默认值。For 循环完成 5 次循环后，移位寄存器会将最终值（5）传递给数值显示控件并结束 VI 运行。当第二次运行该 VI 时，移位寄存器的初始值是上一次循环结束后所保存的最终值 5。For 循环执行 5 次后，移位寄存器会将最终值（10）传递给数值显示控件。如果再次运行该 VI，移位寄存器的初始值是 10，依此类推。关闭 VI 之前，未经初始化的移位寄存器将保留上一次循环的值。

3. 层叠移位寄存器

如果需要同时使用前面多次循环所得数据，可以使用层叠移位寄存器。层叠移位寄存器可以将前面多次循环的值分别传递并保存到左侧接线端，用于下一次循环。右击左侧的接线端，从快捷菜单中选择【添加元素】命令，可创建层叠移位寄存器。

层叠移位寄存器表现为在循环框图左侧有多个寄存器端子，而右侧的寄存器端子仅用于把当前循环后的输出数据传递给下一次循环。在图 2–41 所示的程序框图中，左侧有两个移位寄存器端子，这表示可将前两次循环结束后的值传递至下一次循环中。其中，最后一次循环结束后的值保存在上面的寄存器端子中，而倒数第二次循环结束后的值保存在下面的寄存器端子中。

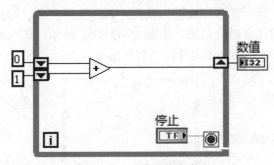

图 2–41　层叠移位寄存器

2.2.6　条件结构

类似于文本编程语言中的 switch 语句或 if…else…语句，条件结构通过判断条件输入值从而执行相应的条件分支（相应子程序）。

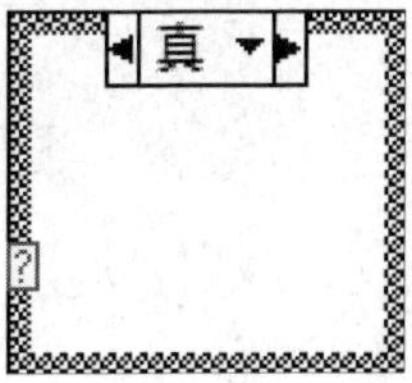

条件结构框图如图 2–42 所示，其顶部的选择器标签 ◀真▼▶ 是由结构中各条件分支对应的分支名称、递减和递增箭头组成的，单击递减或递增箭头可以滚动浏览已有的条件分支。也可以单击条件分支名称旁边的向下箭头，在下拉菜单中选择任一条件分支。

图 2–42　条件结构框图

条件结构框图左侧的分支选择器可置于框图左边的任意位置，将待判断数据连接至分支选择器 ？输入接线端，由输入值逻辑来选择需执行的条件分支。分支选择器输入值可为整数、布尔值、字符串或枚举型值。如果分支选择器输入的数据类型是布尔值型，该结构包括"真"和"假"两个分支。如果分支选择器输入的是整数、字符串或枚举型值，该结构可以包括任意个分支。

注意： 在默认情况下，连接至选择器输入接线端的字符串区分大小写。如要取消字符串大小写区分，可将字符串值连接至选择器输入接线端，然后右击条件结构的边框，从快捷菜单中选择【不区分大小写匹配】命令即可。

选择器标签需要列出全部可能的输入值所对应的执行方案，或者设定默认的用于处理范围外数值的条件分支。

（1）如果将布尔控件连接至分支选择器，则选择器标签中的"真"或"假"两种情况就完全涵盖了布尔控件的可能情况，此时无须指定默认分支。

（2）如果将整数、字符串或枚举型值连接至分支选择器，则结构包括任意个分支的情况。如果未列出所有可能的输入值，则必须指定条件结构默认的用于处理范围外数值的条件分支。例如，如果分支选择器的输入数据类型是整型，并且已为1、2、3指定了相应的分支，还必须指定一个默认分支用于处理当输入数据为4或任何其他有效整数值时的情况。此时，可以通过右击选择器标签，从快捷菜单中选择【本分支设置为默认分支】命令，完成设置。

提示：右击条件结构，在快捷菜单中选择【替换为层叠式顺序】命令，可将条件结构替换为层叠式顺序结构。

右击条件结构边框可添加、复制、删除、重排及选择默认分支。

1. 分支选择

图 2–43 为根据用户选择的温度单位℃或℉，通过条件结构执行不同代码并输出相应温度值的程序。图 2–43（a）所示的程序框图为顶层"真"条件分支。如要选择分支，可在选择器标签内输入或使用标签工具进行编辑，如图 2–43（b）所示，选中的分支将出现在程序框图上。图 2–43（c）所示的程序框图为顶层"假"条件分支。

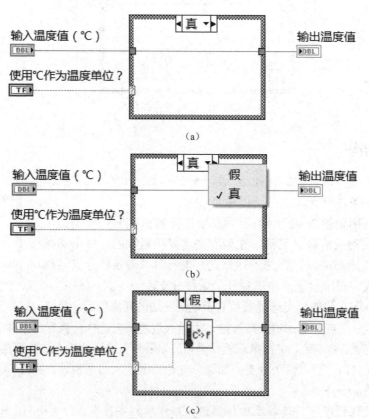

图 2–43　更改条件结构的分支显示

如果在选择器标签中输入的选择器值与连接到分支选择器输入接线端的对象不是同一类型，选择器值显示为红色，这表示只有编辑或删除该值后 VI 才可运行。如果在分支选择器标签中输入浮点值，数值将变成红色，这是因为浮点算术运算可能存在四舍五入误差，浮点数不能作为选择器值。如果将一个浮点数连接到分支，LabVIEW 会将其舍入到最近整数值。

2. 条件结构的输入和输出隧道

同一条件结构中可创建多个输入和输出隧道。所有输入隧道都可供条件分支选用，而非必须使用。但是，必须为每个条件分支定义各自的输出隧道。

程序框图上的条件结构包括输出隧道。如果存在未赋值的输出隧道，运行后，LabVIEW 会因无法判断应输出的值而报错。双击该条错误，执行错误定位，可看到以空心隧道表示的本条错误。这时，可找到包含未连线输出隧道的分支并将输出连接至该隧道。也可通过右击输出隧道，从快捷菜单中选择【未连线时使用默认】命令，此时所有未连线的隧道将使用隧道数据类型的默认值。所有分支的输出均已连线时，输出隧道显示为实心小方框。

请避免使用【未连线时使用默认】命令，因为使用该命令将影响程序框图的注释，从而对使用该代码的其他编程人员造成困扰，同时也将增加调试代码的难度。如果必须使用该命令，请注意使用的默认值为连线至隧道的数据类型的默认值。例如，如隧道为布尔数据类型，则默认值应为 FALSE。

3. 范例

在下列范例中，数值通过隧道进入条件结构，根据分支选择器输入接线端的输入数值执行加或减运算。

1）布尔条件结构

图 2-44 为布尔条件结构，将"真"和"假"条件分支层叠显示以便于理解其逻辑结构。

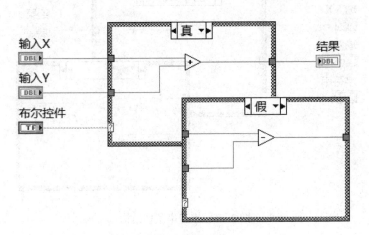

图 2-44　布尔条件结构

如果连线至分支选择器输入接线端的布尔控件值为"真"，则 VI 将对输入数值执行加法。反之，VI 将对输入数值执行减法。当仅需根据布尔值选择两个值中的一个时，可使用"选择"函数▷来替代布尔条件结构。

2）整数条件结构

图 2-45 为整数条件结构。分支选择器输入为下拉列表与枚举选板中的文本下拉列表控

件，可显示与文本项对应的整数值。如选择器输入的整数为"0"，则 VI 将对输入数值执行加法；如为"1"，则 VI 将对输入数值执行减法；如为"0"和"1"以外的值，根据默认分支，VI 将对输入数值执行加法。

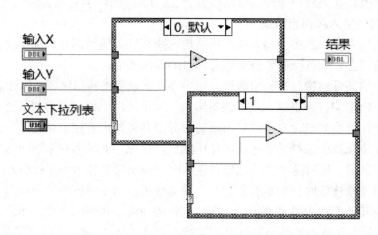

图 2-45　整数条件结构

3）字符串条件结构

图 2-46 为字符串条件结构。如选择器输入的字符串为"加"，则 VI 将对输入数值执行加法；如选择器输入的字符串为"减"，则 VI 将对输入数值执行减法。

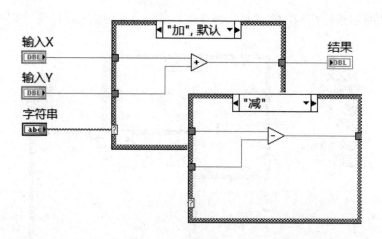

图 2-46　字符串条件结构

4）枚举型条件结构

图 2-47 为枚举型条件结构。枚举型控件用于向用户提供一个可供选择项的列表，它的数据类型包括控件中所有项的数值和字符串的相关信息。右击条件结构，从快捷菜单中选择【为每个值添加分支】命令，可为枚举型控件的每项创建一个条件分支。条件结构根据枚举型控件的当前项执行相应的分支子程序。在图 2-47 中，如枚举输入控件选择为"加"，则 VI 将对输入数值执行加法；如枚举输入控件选择为"减"，则 VI 将对输入数值执行减法。

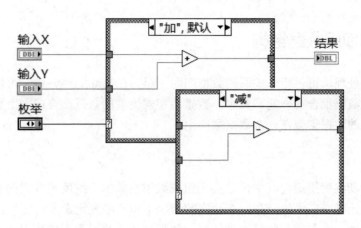

图 2-47　枚举型条件结构

4. 使用条件结构进行错误处理

　　下面介绍使用错误簇定义分支的条件结构，如图 2-48 和图 2-49 所示。将错误簇连接到条件结构的分支选择器输入接线端时，条件结构仅识别簇的状态布尔值，选择器标签将显示两个选项——"无错误"和"错误"。显示"无错误"时，条件结构框图的边框为绿色；显示"错误"时，条件结构框图的边框为红色。发生错误时，条件结构将执行错误子程序框图。

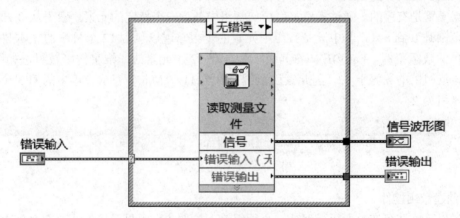

图 2-48　"无错误"分支

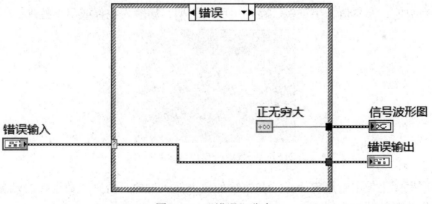

图 2-49　"错误"分支

2.3 创建和使用数据结构

为便于数据处理，可将相互关联的数据归为一组。在 LabVIEW 中，可以使用数组和簇来将相互关联的数据集合在一起。其中，数组将相同类型的数据集合在一个数据结构中，而簇可将多种类型的数据集合在一个数据结构中。

2.3.1 数组

数组由元素和维度组成。其中，元素是组成数组的数据，维度是数组的长度、高度或深度。数组可以是一维或多维的，在内存允许的情况下每一维度元素多达 $2^{31}-1$ 个。

可以创建数值、布尔值、路径、字符串、波形和簇等数据类型的数组。对一组相似的数据进行操作并重复计算时，可考虑使用数组。数组最适用于存储从波形采集而来的数据或循环中生成的数据（每次循环生成数组中的一个元素）。

1. 限制

数组中不能再创建数组，但可以创建多维数组或创建一个簇数组，其中每个簇均含有一个或多个数组。此外，也不能创建元素为子面板控件、选项卡控件、.NET 控件、ActiveX 控件、图表或多曲线图的数组。簇的概念将在后续章节中介绍。

数组元素是有序的。通过索引，可访问数组中任意一个特定的元素。索引从 0 开始，即索引的范围是 0 到 $n-1$，其中 n 是数组中元素的个数。现以包含 12 个月份的文本数组作为一个简单的数组范例。LabVIEW 将其表示为含有 12 个元素的一维字符串数组，如图 2-50 所示，该范例中的 n 等于 12，因此索引范围是 0 至 11。"Mar." 表示一年中的第 3 个月，该元素的索引为 2。

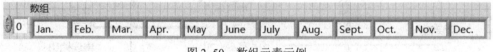

图 2-50　数组元素示例

2. 创建数组控件

通过以下方式可在前面板上创建一个数组输入控件或数组显示控件：在前面板上放置一个数组外框，然后将一个数据对象或元素拖动到该数组外框中，如图 2-51 所示。数据对象或元素可以是数值、布尔值、字符串、路径、引用句柄、簇输入控件或显示控件。

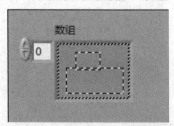

图 2-51　在数组外框内放置数组控件

在程序框图上使用数组前，必须在数组外框中插入对象。否则，数组接线端显示为黑色且不具有相关联的数据类型。

3. 创建数组常量

如需在程序框图中创建数组常量，应首先在函数选板中选择【编程】|【数组】|【数组常量】命令，将数组外框放置于程序框图上，然后将字符串常量、数值常量、布尔值常量或簇常量等放入数组外框中。数组常量可存储常量数据或同另一个数组进行比较。

4. 二维数组

二维数组元素存储在网格中，用户需要一个行索引和一个列索引来定位数组中的某一个元素，并且这两个索引都从 0 开始。

如需将已有的一维数组转换为多维数组，则可右击索引框，并从快捷菜单中选择【添加维度】命令。用户也可以直接拖动索引显示边框至所需维数。

5. 初始化数组

用户可对数组执行初始化操作或保留原样操作。初始化数组时，须定义每一维的元素个数及元素内容。未初始化的数组具有固定大小的维度，但不包含元素。图 2-52 为未初始化的二维数组。注意，图 2-52 中的元素此时显示为灰色，这表明数组未初始化。图 2-53 显示了已初始化 6 个元素的二维数组。

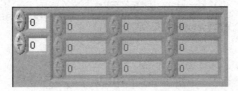

图 2-52　未初始化的二维数组

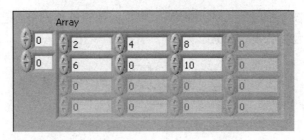

图 2-53　有 6 个初始化元素的二维数组

在二维数组中，如某行中的一个元素被初始化，则该行中的其他在列数范围内的元素也将被初始化，并被填充为同一数据类型的默认值。例如，若在图 2-54 中的第一列第三行输入 4，则第三行的第二列和第三列中的元素均将被自动填充为 0。

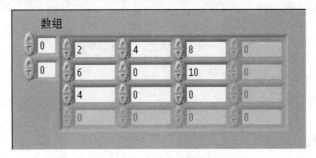

图 2-54　自动填充的数组

2.3.2　常见数组函数

LabVIEW 可将函数组合在一起，用户可使用数组选板中的函数对数组进行操作。下面介绍进行数组操作时最常用的 5 个函数。

1. 数组大小函数

数组大小函数如图 2–55 所示，使用该函数可返回数组每个维度中元素的个数。

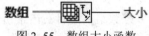
图 2–55　数组大小函数

2. 初始化数组函数

初始化数组函数如图 2–56 所示，使用该函数可创建 n 维数组且每个元素都经过了初始化。通过定位工具可调整函数的大小，并增加输出数组的维数（行、列或页等）。连线板可显示该多态函数的默认数据类型。

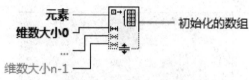
图 2–56　初始化数组函数

3. 数组子集函数

数组子集函数如图 2–57 所示，使用该函数可返回数组的一部分，返回的数组子集（子数组）从索引处开始，包含长度个元素。

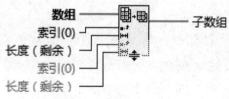
图 2–57　数组子集函数

4. 创建数组函数

创建数组函数如图 2–58 所示，使用该函数可连接多个数组或向 n 维数组中添加元素。也可使用替换数组子集函数修改现有数组。

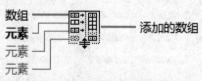
图 2–58　创建数组函数

5. 索引数组函数

索引数组函数如图 2–59 所示，使用该函数可返回 n 维数组在索引位置的元素或子数组。连线数组到该函数时，函数图标可自动调整大小，并在 *n* 维数组中显示各个维度的索引输入。也可通过调整函数大小添加元素或子数组接线端。连线板可显示该多态函数的默认数据类型。

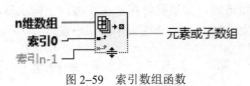

图 2-59　索引数组函数

2.3.3　多态性

多态性是指 VI 和函数能够自动地适应不同类型的输入数据的能力。函数多态的程度各不相同，可以是全部或部分多态输入，也可以是完全没有多态输入。有的函数输入可接收数值或布尔值，有的函数输入可接收数值或字符串，有的函数输入不仅可接收数值标量还可接收数值数组、数值簇或由数值簇构成的数组等数据，还有的函数输入仅仅可接收一维数组，数组的元素可以是任意数据类型。另外，有的函数输入可接收所有数据类型，包括复数值。

1. 算术函数的多态性

算术函数的输入都是数值型数据。除了函数说明中所指明的一些特例以外，默认的输出数据通常和输入数据保持相同的数值表示方法。如果输入数据包含多种数值表示方法，那么默认输出数据的类型是输入数据类型中较大的那种类型。例如，一个 8 位整数和一个 16 位整数相加，则默认的输出是一个 16 位整数。在配置数值函数的输出数据类型后，指定的设置将覆盖原有的默认设置。

算术函数可对数值标量、数值型数组、各种数值型簇等输入数据对象进行运算。

数值标量可以是浮点数、整数或实部和虚部都为浮点数的复数。LabVIEW 中数组的元素不允许为数组。

数组的维数和大小是任意的，簇中元素的数量也是任意的。函数输出和输入的数值表示法一致。对于只有一个输入的函数，函数将处理数组或簇中的每一个元素。对于有两个输入的函数，以图 2-60 中加函数为例，用户可以使用如下方式组合：

（1）两个输入结构类似：输出的结构与输入的结构相同；

（2）两个输入中有一个标量：当两个输入中有一个是数值标量，另一个是数组或簇时，输出为数组或簇；

（3）两个输入分别为同种类型的数值数组和数值：当两个输入中有一个是数值数组，另一个是数值类型时，输出为数组。

对于两个输入结构类似的情况，LabVIEW 将处理两个输入结构中的每一个元素。例如，两个数组相加的函数需要将两个数组中对应的元素一一相加，此时必须保证两个数组维数相同。也可以再对这两个维数相同的数组添加不同个数的元素。两个维数不同的数组作为输入相加时，输出结果的数组维数和输入数组中维数较小的一致。两个簇相加时，必须拥有相同的元素个数，并且每对相应元素的类型必须相同。

对于两个输入由一个数值标量和一个数组（或簇）组成的情况，LabVIEW 将处理输入标量和输入数组（或簇）中的每一个元素。例如，LabVIEW 可以将数组中的每个元素减去一个特定的数，无论数组的维数有多大。

对于两个输入中一个是数值类型，另一个是由这种指定类型元素构成的数组的情况，LabVIEW 将处理指定数组的每个元素。例如，图形可以看作是以点为元素的数组，每个点为包含 x 和 y 两个数值型元素的簇。如果要将图形在 X 方向上向上移动 5 个单位，在 Y 方向上向上移动 8 个单位，可添加点（5，8）至图形中的每个点。

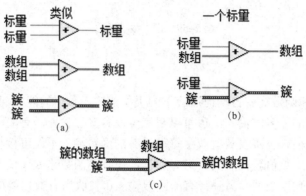

图 2-60　加函数可能出现的多态组合

2. 布尔函数的多态性

逻辑函数的输入可以是布尔值、数值和错误簇。如果输入是数值型，LabVIEW 将对输入数据进行位运算操作。如果输入是整型，输出数据将是和输入有着相同表示的整型。如果输入是浮点型，LabVIEW 会将它舍入为一个 32 位整型数字，而输出结果也将是 32 位整型。如果输入是一个错误簇，LabVIEW 只传递错误簇的状态布尔值 TRUE 或 FALSE 至函数输入端。

逻辑函数可以处理数值或布尔型的数组、数值或布尔型的簇、数值簇或布尔簇构成的数组等类型的数据。

如果一个逻辑函数有两个输入，可以用和算术函数相同的方式组合这两个输入。但是需要注意的是，逻辑函数还受到一个更为严格的限制：只能对两个布尔值或两个数值进行基本操作。例如，不能在布尔值和数值之间进行与运算。图 2-61 列举了与函数中两个布尔值输入的几种组合方式。

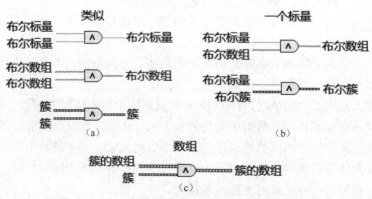

图 2-61　与函数中两个布尔值输入的几种组合方式

2.3.4　自动索引

如将数组连接至 For 循环或 While 循环并启用自动索引功能,可有序地对应循环与数组中的元素。使用自动索引功能后,隧道图标将由实心方形变为自动索引的图标。

1. 输入数组的自动索引

如果为连接到 For 循环输入接线端的数组启用自动索引功能,LabVIEW 会自动将循环总数设置成与数组中元素个数相一致,这时用户无须为循环总数接线端赋值。For 循环每循环一次可处理数组中的一个元素,所以,自动索引相当于给 For 循环的总数接线端连接了一个数组大小的值。如图 2–62 所示,For 循环执行次数等于数组中元素的个数。右击隧道,从快捷菜单中选择【启用索引】或【禁用索引】命令可切换隧道的状态。如果不需要每次都处理数组中的一个元素,可以禁用自动索引。

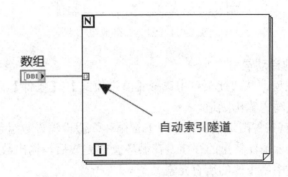

图 2–62　输入数组的自动索引

如果有多个隧道启用自动索引功能,或需要给循环总数接线端赋值,实际的循环次数将取其中较小的值。例如,若有两个数组进入 For 循环,它们分别含有 10 个、20 个元素,同时将值 15 连接到循环总数接线端,这时该循环将只执行 10 次,For 循环索引第一个数组中的所有元素,索引第二个数组中的前 10 个元素。

2. 输出数组的自动索引

启用数组输出隧道的自动索引功能时,该输出数组从每次循环中接收一个新元素。因此,自动索引的输出数组中元素的个数等于循环的次数。

隧道输出至数组显示控件的连线在循环边框将变粗,且输出隧道将包含表示数组的方框,如图 2–63 所示。

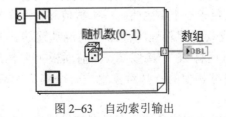

图 2–63　自动索引输出

右击循环边框上的隧道,从快捷菜单中选择【隧道模式】|【索引】命令,可实现启用或

禁用自动索引。While 循环隧道的默认选择模式为【最终值】，而非【自动索引】。如仅需输出最后一次循环所得的值，可选择【隧道模式】|【最终值】命令。

3. 创建二维数组

将 2 个 For 循环嵌套在一起可创建二维数组（见图 2-64）。外层的 For 循环创建行元素，内层的 For 循环创建列元素。

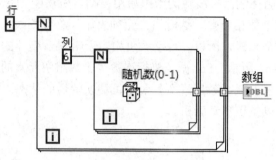

图 2-64　创建二维数组

4. 带有条件隧道的自动索引

右击循环的输出隧道，从快捷菜单中选择【隧道模式】|【条件】命令，LabVIEW 仅将满足条件的循环输出值写入输出隧道。

图 2-65 为一个带有条件隧道的自动索引 For 循环，假设输入数组包含下列元素：7、2、0、3、1、9、5、7。由于条件隧道的存在，在循环全部完成后，输出数组仅包含 2、0、3、1 这 4 个元素（输入数组中小于 5 的所有元素）。

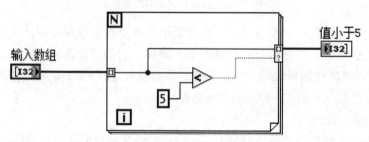

图 2-65　带有条件隧道的自动索引 For 循环

2.3.5　簇

簇将不同类型的数据元素归为一组，类似于文本编程语言中的记录或结构体。LabVIEW 错误簇是簇的一个例子，它包含一个布尔值、一个数值和一个字符串。

将几个数据元素捆绑成簇可消除程序框图上的混乱连线，减少子 VI 所需的连线板接线端的数目。连线板最多可拥有 28 个接线端，如前面板上要传送给另一个 VI 的输入控件和显示控件多于 28 个，应将其中的一些对象组成一个簇，然后为该簇分配一个连线板接线端。

在程序框图上，大多数簇的连线和该数据类型接线端显示为粉红色，而错误簇的连线和数据类型接线端显示为深黄色。由数值控件组成的簇有时也被称为点，其连线和数据类型接线端显示为褐色。褐色的数值簇可连接到数值函数（如加函数或平方根函数），以便对簇中的所有元素同时进行相同的运算。

1. 创建簇控件

在前面板上可通过以下方式创建一个簇输入控件或簇显示控件：在控件选板中，选择【数组、矩阵与簇】|【簇】命令添加一个簇外框，再将一个数据对象或元素拖动到簇外框中，数据对象或元素可以是数值、布尔值、字符串、路径、引用句柄、簇输入控件或簇显示控件。创建簇控件时，可拖动鼠标调整簇外框的大小，如图 2-66 所示。

图 2-67 为包含 3 个控件的簇控件范例：字符串、布尔开关和数值。与数组类似，簇只能包含输入控件或显示控件，不能同时包含两种控件。

图 2-66　创建簇控件

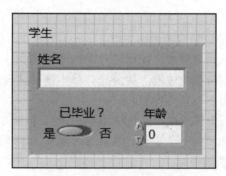

图 2-67　簇控件范例

2. 创建簇常量

从函数选板中选择【编程】|【簇、类与变体】|【簇常量】命令，将簇常量放置在程序框图上，再将字符串常量、数值常量、布尔值常量或簇常量放置到该簇外框中，这样就可在程序框图中创建一个簇常量。簇常量用于存储常量数据或同另一个簇进行比较。

如果前面板窗口已存在簇控件，但在程序框图上还需要创建包含相同元素的簇常量，有两种方法可以实现：① 从前面板上将簇拖动至程序框图；② 在程序框图上右击簇，在快捷菜单中选择【创建】|【常量】命令。

3. 簇顺序

簇元素有自己的逻辑顺序，这与它们在簇外框中的位置无关。放入簇中的第一个对象为元素 0，第二个对象为元素 1，依此类推。当删除簇中的某个元素后，簇顺序会自动调整。簇顺序决定了簇元素在程序框图中的捆绑函数和解除捆绑函数上作为接线端出现的顺序。右击簇边框，从快捷菜单中选择【重新排序簇中控件】命令，可查看和修改簇顺序。

如图 2-68 所示，可结合工具栏实现簇顺序的更改。各元素下方的白色框显示元素在簇中的当前顺序，黑色框显示元素的新顺序。在工具栏文本框中输入新的顺序编号并单击某个元素，可实现对该元素的顺序设置。若某元素的簇顺序发生改变，则其他元素的簇顺序也进行相应的调整。完成设置后，单击工具栏上的【确认】按钮✓保存更改。单击【取消】按钮⊠恢复原始的簇顺序。

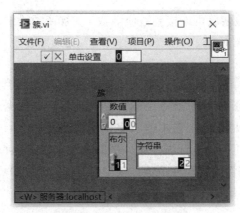

图 2-68　簇顺序的更改

4. 自动调整簇的大小

按照下列步骤进行操作可自动调整簇的大小：

（1）右击簇的边框，从快捷菜单中选择【自动调整大小】|【调整为匹配大小】命令，使簇外框的大小与其内容相匹配；

（2）右击簇外框，从快捷菜单中选择【自动调整大小】|【水平排列】命令或【自动调整大小】|【垂直排列】命令，实现水平或垂直排列簇元素。

5. 使用簇函数

簇函数用于创建和操作簇。使用簇函数可进行以下操作：

（1）从簇中提取单个数据元素；

（2）向簇中添加单个数据元素；

（3）将簇拆分成单个数据元素。

使用捆绑函数可组合簇，使用解除捆绑函数或按名称解除捆绑函数可分解簇，使用捆绑函数或按名称捆绑函数可更改簇。

在程序框图上右击簇接线端，从快捷菜单中选择【簇、类与变体】命令，在程序框图上放置捆绑函数、按名称捆绑函数、解除捆绑函数、按名称解除捆绑函数。连接好簇后，捆绑函数和解除捆绑函数自动包含了全部的接线端数据。按名称捆绑函数和按名称解除捆绑函数显示簇中的第一个元素。通过定位工具可调整按名称捆绑函数图标和按名称解除捆绑函数图标的大小，以显示其他簇元素。

1）组合簇

如图 2-69 所示，使用捆绑函数可将单个元素组合为簇。通过定位工具调整函数图标的大小，或右击输入元素部分，从快捷菜单中选择【添加元素】命令，可为捆绑函数添加新的输入元素接线端。

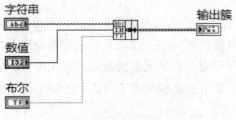

图 2-69　组合簇的程序框图

2）分解簇

使用解除捆绑函数或按名称解除捆绑函数可将簇分解为独立的元素。其中，解除捆绑函数可输出并显示簇中的全部元素；按名称解除捆绑函数可设置为仅显示指定名称的簇元素，此函数要求每个簇元素都必须带有标签。单击函数的输出接线端，从下拉菜单中选择元素以指定按名称解除捆绑函数的显示元素。也可右击函数的输出接线端，从快捷菜单上选择【选择项】命令以选择某个元素。

例如，在图 2-70 所示的范例中使用解除捆绑函数，它带有 4 个输出接线端并分别对应簇的 4 个控件。用户必须了解簇中元素的顺序，以正确关联解除捆绑簇的输出接线端和相对应的 4 个簇控件。在本范例中，元素从 0 开始由顶部至底部排序。如使用按名称解除捆绑函数，用户可随机选择输出接线端数量，并以任意顺序访问独立的元素。

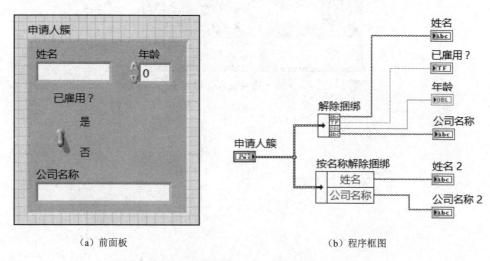

（a）前面板　　　　　　　　　　　（b）程序框图

图 2-70　解除捆绑函数和按名称解除捆绑函数范例

3）更改簇

使用捆绑函数可改变现有簇中独立元素的值。连线簇输入时，可仅连线要更改的元素，而无须为所有元素指定新值。例如，图 2-71 中的输入簇包含 3 个控件。在了解簇内元素顺序的情况下，可使用捆绑函数，通过连线图中新字符串输入控件可更改输入簇中字符串的值。

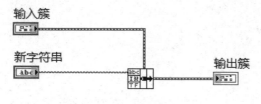

图 2-71　用于更改簇的捆绑

也可以使用按名称捆绑函数替换或访问现有簇的标签元素。按名称捆绑函数与捆绑函数类似，但它是按照簇的标签引用簇元素，而捆绑函数是按照簇的顺序引用簇元素。另外，按名称捆绑函数只能依据自带标签对元素进行访问，输入的数量不需要与输出簇的元素数量匹配。

捆绑函数显示簇中的全部元素，而按名称捆绑函数可设置为仅显示指定簇元素。单击函数的输出接线端，从下拉菜单中选择按名称捆绑函数的显示元素。也可右击函数的输出接线端，从快捷菜单的【选择项】中选择显示元素。

按名称捆绑函数常用于开发过程中可能会发生变化的数据结构。在添加新元素至簇或更改簇中元素顺序后，用户无须重新连线按名称捆绑函数，其名称仍有效。

4）错误簇

LabVIEW 包含自定义的簇，称为错误簇。用户可使用错误簇返回错误信息。右击前面板空白处，在快捷菜单中选择【数组、矩阵与簇】|【错误输入 3D】命令和【数组、矩阵与簇】|【错误输出 3D】命令，可创建错误输入簇和错误输出簇（见图 2–72）。

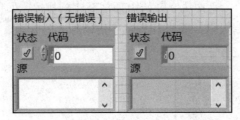

图 2–72　错误簇（错误输入和错误输出）

第 3 章　常用虚拟仪器

本章将学习在使用 LabVIEW 搭建通信系统的过程中常用的虚拟仪器及其使用方法，主要内容包括如何产生信号[2]、如何观测信号的频谱和星座图、如何统计系统的误比特率等，掌握这些内容可以帮助学生更轻松地完成后续实验。

1. 目标

（1）掌握常见信号的产生方法。

（2）掌握测量信号频谱的方法。

（3）掌握观察信号星座图的方法。

（4）掌握统计系统误比特率的方法。

2. 关键术语

函数发生器（function generator）、伪噪声序列（pseudo-noise sequence）、功率谱（power spectrum）、星座图（constellation）、误比特率（bit error rate，BER）。

3.1　常见信号发生器

利用 LabVIEW 提供的函数和控件可以很容易地完成一个信号发生器，其作用是根据用户在前面板上设置的各项参数生成对应的正弦波、三角波、方波或锯齿波。

3.1.1　基本函数发生器

这里用到基本函数发生器函数，可以通过在函数选板上选择【信号处理】|【波形生成】命令找到该函数。基本函数发生器函数的输入、输出如图 3-1 所示，其输入包括信号类型、频率、相位等信号参数，其输出为生成的波形信号及信号的相位信息。

注意： 可以通过 LabVIEW 自带的帮助文件来查询本书中所提到的函数的详细说明，包括每个输入、输出的具体含义、使用方法和注意事项等。此外，大部分函数还附带典型的应用范例。

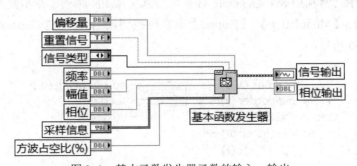

图 3-1　基本函数发生器函数的输入、输出

下面介绍一个常见信号发生器的实例。首先在前面板上设置好相应的参数，如图 3-2 所示，然后单击【运行】按钮，开始执行程序，这样就可以在前面板的信号输出图形显示控件中得到与所设参数对应的信号波形。图 3-3 是生成的方波波形，图 3-4 是生成的正弦波波形。

图 3-2　信号发生器输入参数

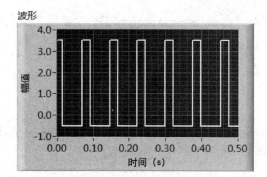

图 3-3　生成的方波波形

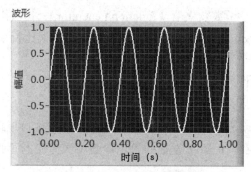

图 3-4　生成的正弦波波形

3.1.2　PN 序列生成器

伪噪声序列（pseudo-noise sequence）简称 PN 序列，这类序列具有与随机噪声相类似的统计特性，但又和真正的随机信号不同，因为它可以被重复产生和处理。PN 序列最常见的用途是在扩频系统中用来扩展信号频谱，此外 PN 序列也可以用来作为信源信息。

在实际应用中，常利用 MT Generate Bits 函数来生成 PN 序列，在函数选板上选择【RF Communications】|【Modulation】|【Digital】命令可找到该函数。MT Generate Bits 函数的输入、输出如图 3-5 所示。

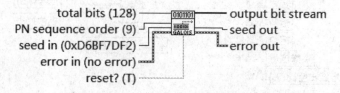

图 3-5　MT Generate Bits 函数的输入、输出

其中："total bits"为生成的 PN 序列的总长度；"PN sequence order"用来设定 PN 序列的循环周期（如果 PN sequence order 设为 N，则周期为 2^N-1）；"seed in"用来指定 PN 序列生成器移位寄存器的初始状态（默认为 0xD6BF7DF2）；"output bit stream"为 PN 序列的输出。

此外 MT Generate Bits 函数还有 User Defined 模式。在此模式下，函数可以根据用户自定义的输入序列生成所需长度的循环序列，其输入、输出如图 3-6 所示。

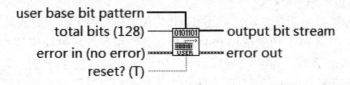

图 3-6　User Defined 模式下 MT Generate Bits 函数的输入、输出

其中："user base bit pattern"为用户指定的序列，控件会不断循环用户指定的序列直到输出序列的长度达到"total bits"所设定的值为止；"output bit stream"为生成序列的输出。

下面通过一个示例展示如何利用 MT Generate Bits 函数来生成一个带保护序列和同步序列的信源序列，其生成方式如图 3-7 所示。

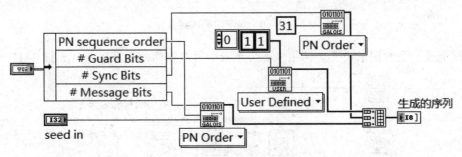

图 3-7　信源序列生成方式

本例中用到三个 MT Generate Bits 函数，分别用来生成保护序列、同步序列和信息序列。通过创建数组控件可将生成的三个序列连接到一起，从而形成完整的信源序列。

3.2　频谱仪

实验中经常需要观测信号的频域特性。在说明如何测量频谱之前，先说明 LabVIEW 中信号的存在形式。LabVIEW 在处理信号时，须在时间轴上对信号进行采样处理，因此实验中生成及处理的信号都是时间离散的数据数组所组成的簇（或者封装好的波形数据类型），如图 3-8 和图 3-9 所示。

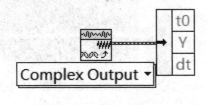

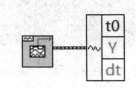

图 3-8　簇形式的信号　　　　　　　图 3-9　波形格式的信号

　　图 3-8 左侧是 MT Upconvert Baseband 函数，在实验中常用该函数对基带信号进行上采样，其输出为簇形式的上采样信号。在实验中可以通过按名称解除捆绑函数将簇进行解绑以得到波形成分。图 3-9 左侧是基本函数发生器函数，在实验中常用该函数来生成正弦波形，其输出为波形数据类型，因此需要使用图 3-9 右侧的获取波形成分函数来获取波形成分。图 3-8、图 3-9 中输出的"Y"是波形的数据值，"dt"是波形中数据点间的时间间隔（以秒为单位），"t0"为波形的触发时间。

　　下面介绍信号频谱的测量方法，以图 3-10 为例。图 3-10 右侧是波形图控件，用来显示信号的频谱；中间是 FFT 功率谱和 PSD 函数，其作用是计算时间信号的平均自功率谱。图 3-10 左侧有多个输入端，其中："时间信号"用于输入时域波形；"窗"是用于输入时间信号的时域窗（默认值为 Hanning）；"显示为 dB？"用来指定是否以分贝形式显示结果（默认值为 FALSE）。

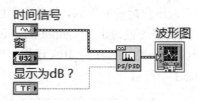

图 3-10　测量信号的频谱

　　下面通过一个示例来说明如何生成一个单音信号及如何测量其频谱（见图 3-11）。

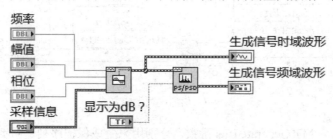

图 3-11　单音信号生成及频谱测量

　　本例中首先利用正弦波形函数来生成单音信号，需要提前输入单音信号的频率、相位、幅值及采样信息等参数，并通过波形图控件来观察生成信号的波形，然后再通过 FFT 功率谱和 PSD 函数计算单音信号的频谱。成功运行程序后，得到的生成信号时域波形和生成信号频域波形分别如图 3-12 和图 3-13 所示。

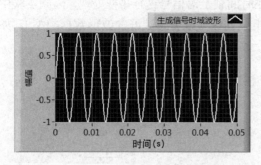

图 3-12　生成信号时域波形

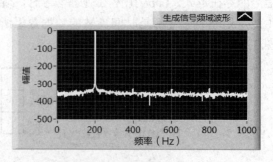

图 3-13　生成信号频域波形

3.3 星座图观测仪

在数字通信中，数字信号本身都具有复数的表达形式，因此人们常将数字信号表示在复平面上，这样可以更直观地观察信号的特性，这种图形就是星座图。观察和分析星座图是学习及研究数字通信各种调制方式的非常重要的环节，下面简要介绍如何在 LabVIEW 中观察信号的星座图。

生成信号的星座图需要用到 MT Format Constellation 函数，其输入、输出如图 3–14 所示。

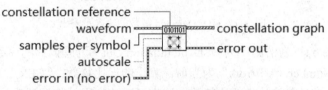

图 3–14　MT Format Constellation 函数的输入、输出

其中："waveform"用来输入要绘制的星座图的信号波形；"samples per symbol"用来设定输入波形每个符号的样点数；"constellation graph"是生成的与输入信号相对应的星座图。

下面通过一个示例来说明如何进行 BPSK 调制并绘制它的星座图（见图 3–15）。

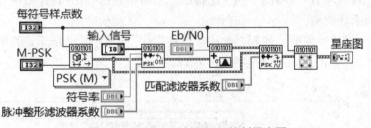

图 3–15　BPSK 调制解调及绘制星座图

在图 3–15 中，从左到右共用到 5 个主要函数，依次是：MT Generate PSK System Parameters 函数，用来设置后面调制解调模块的参数；MT Modulate PSK 函数，用来对输入的比特序列进行 BPSK 调制；MT Add AWGN 函数，用来模拟信道中的加性高斯白噪声（AWGN）；MT Demodulate PSK 函数，用来对调制后的 BPSK 信号进行解调；MT Format Constellation 函数，用来绘制星座图。程序正确运行后获得的星座图如图 3–16 所示。

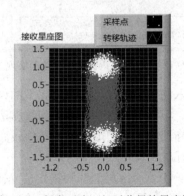

图 3–16　程序正确运行后获得的星座图

3.4　误比特率观测仪

本节介绍如何在 LabVIEW 中测量数字通信系统的误比特率，并绘制信噪比–误比特率曲线。计算系统的误比特率时可以使用 Ber Detected 函数，这是已经封装好的一个子程序。Ber Detected 函数的输入、输出如图 3–17 所示。

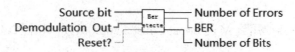

图 3–17　Ber Detected 函数的输入、输出

其中："Source bit"为信源序列；"Demodulation Out"为解调后的序列；"Reset？"表示是否进行重置；"Number of Errors"为当前计算出的误比特数；"BER"为当前的误比特率；"Number of Bits"为当前统计的总比特数。这个函数的作用是将解调后的输出序列与信源序列逐位进行对比，进而统计总的比特数及总的误比特数，并依此计算出当前的误比特率。

利用上面介绍的 Ber Detected 函数可以统计出当前信道状态（信噪比）下的误比特率。如果想得到"信噪比–误比特率"曲线，则需要不断改变信噪比，并在每一种状态下都利用 Ber Detected 函数统计出该信噪比下的误比特率，从而得到信噪比–误比特率曲线。要实现这一点，需要用到循环结构。

绘制信噪比–误比特率曲线的程序结构可以被简化，如图 3–18 所示，其中用到了两个循环的嵌套：内层为 While 循环、外层为 For 循环。

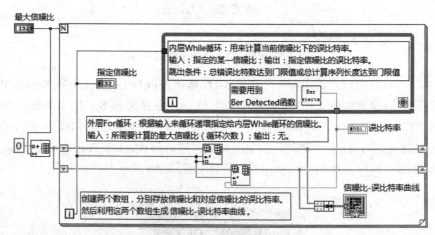

图 3–18　信噪比–误比特率曲线的实现方式

内层循环的作用是根据输入的信噪比计算此信噪比下的误比特率并输出，其中循环的跳出条件是总错比特数达到某一门限值或者总计算序列长度达到某一门限值，这样设定的目的是便于当信道条件较差时提高误比特率门限、信道条件较好时提高总计算序列长度门限，以平衡误比特率计算精度和运行时间。

外层循环的作用是每循环一次就将内层循环的指定信噪比加 1，直到达到外部输入的最大信噪比。此外在外层循环中会生成两个数组，分别存放当次循环的信噪比和对应的误比特率，每循环一次则在数组中写入一项，然后将两个数组捆绑，最后通过 XY 图控件来生成所需的信噪比–误比特率曲线。图 3–19 为利用上述方法生成的 ASK 调制方式下系统的信噪比–误比特率曲线。

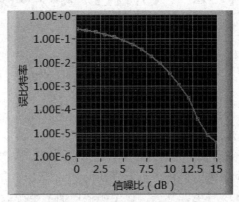

图 3–19　ASK 调制方式下系统的信噪比–误比特率曲线

第 4 章　USRP 基本操作

本章包括 USRP 前面板连接和 USRP 驱动配置两部分。通过本章的学习，读者可掌握 USRP 的基本使用方法。

4.1　USRP 前面板连接

USRP 实物图如图 4-1 所示，其前面板各端口的功能如下[7]。

（1）电源端口：USRP 没有电源开关，在电源端口插上电源线后，USRP 即开始工作。

（2）千兆以太网口：用网线连接该千兆以太网口和计算机的网口，实现计算机和 USRP 之间的数据传输。此处要求：所用网线为千兆级别，所连计算机的网口为千兆网口。

（3）天线端口：在天线端口插上天线，可收发射频信号。图中的 USRP-2920 有两个天线端口。

（4）外部参考信号输入端口：USRP 有内置参考时钟，如果需要更高精度的时钟信号可以通过这个端口输入。

（5）MIMO（multiple-input multiple-output，多输入多输出）扩展端口：可用 MIMO 线把多个 USRP 相连，以构建多天线系统。

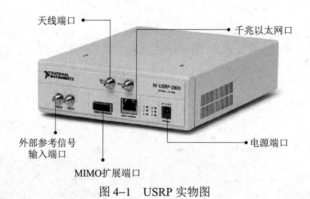

图 4-1　USRP 实物图

4.2　USRP 驱动配置

在完成 USRP 硬件连接后，须将所连计算机设置为与 USRP 同网段，实现物理上可通信。同时，在 LabVIEW 中还应编写 USRP 的发送、接收程序，说明如何将数据写入 USRP 并发送，如何获取 USRP 接收到的数据并传给 LabVIEW 处理。在 LabVIEW 前面板正确设置所用 USRP 的参数后，即可开始实验。

4.2.1　USRP 发送端配置

LabVIEW 有四个常用于发送端配置的函数，在函数选板中选择【仪器 I/O】|【Instrument Drivers】|【NI–USRP】|【TX】命令可找到这些函数。下面具体介绍其功能和用法。

图 4–2 所示函数的作用是输入 USRP 的设备名称，也就是 USRP 的 IP 地址，在后面的 4.2.4 节中会具体介绍如何找到它的 IP 地址。此函数输出一个会话处理值（session handle out），在接下来的程序中可以继续处理这个会话处理值。

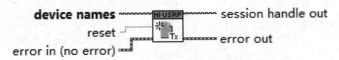

图 4–2　niUSRP Open Tx Session 函数

图 4–3 所示的函数可用来继续对之前没处理完的会话进行处理，进行参数配置，包括输入 IQ 速率、载波频率、增益及使用的天线，产生所需要的信号。

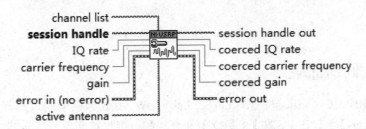

图 4–3　niUSRP Configure Signal 函数

图 4–4 所示的函数通过 USRP 发送调制数据，把之前处理的会话和数据输入这个函数，相当于把数据写入 USRP。这个函数有多种模式，包括 CDB cluster（双精度复数簇）、CDB WDT（双精度复数波形）、CDB（双精度复数）等。

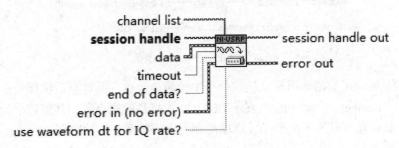

图 4–4　niUSRP Write Tx Data（poly）函数

图 4–5 所示函数的作用是关闭设备里的会话。

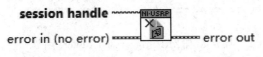

图 4–5　niUSRP Close Seesion 函数

由以上函数组成的完整的 USRP 发送端配置图如图 4-6 所示。

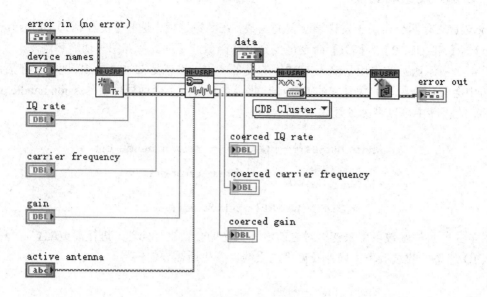

图 4-6 USRP 发送端配置图

4.2.2 USRP 接收端配置

常用于 USRP 接收端配置的函数可在 LabVIEW 函数选板中通过选择【仪器 I/O】|【Instrument Drivers】|【NI-USRP】|【RX】命令找到。接收端配置与发送端配置基本对应一致,仅有以下三处不同。

(1)图 4-7 所示函数的作用是在接收端开始波形的接收,后续的程序需要先对接收端的会话进行初始化处理。

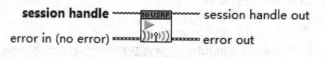

图 4-7 niUSRP Initiate 函数

(2)图 4-8 所示函数的作用是从接收信号中检测传输包,并送至后续模块进行处理。注意:输入端的"number of samples"表示 USRP 一次接收的样点数,其值等于接收时间和采样率的乘积,其中接收时间不能小于发送端前面板上的数据包持续时间(packet duration)。

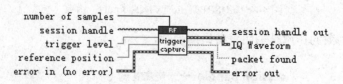

图 4-8 RXRF_trigger_and_capture 函数

(3)对于有限数据的接收,在停止接收数据时可调用图 4-9 所示的函数。完整的 USRP

接收端配置图如图 4-10 所示。

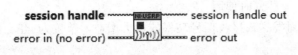

图 4-9　niUSRP Abort 函数

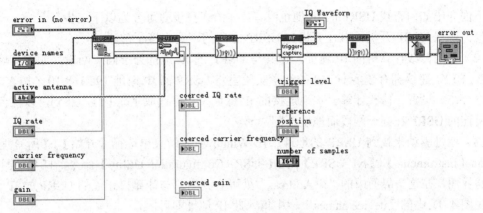

图 4-10　USRP 接收端配置图

注意： 上述 USRP 发送端配置图和 USRP 接收端配置图仅是一个流程说明，配置图中各模块的位置在整个程序中可能会发生变化。比如，有可能在初始化 USRP 后，先处理数据，再对数据进行发送。而且这些主要的 USRP 配置模块不一定在主程序的程序框图中，也可能在各个子程序的程序框图中。

4.2.3　USRP 参数配置

在程序框图中，在将 USRP 发送端、接收端都配置连接好之后，LabVIEW 主程序前面板将会出现一些待填的 USRP 参数，如图 4-11 所示。下面具体介绍各参数的含义和设置方法。

（1）"device names" 为 USRP 的 IP 地址，每个 USRP 都有一个专属 IP 地址，设为 192.168.10.X，对于其中的 X，USRP 不同，对应的 X 也可能不同。如何查找 USRP 的 IP 地址，这将在后面的 4.2.4 节中讲述。

（2）"IQ rate" 为 IQ 速率[8]，它是计算机与 USRP 之间的传输数据速率，单位为 Sample/s。IQ 速率=符号速率×上采样率（或下采样率），由于发送端和接收端的符号速率是一致的，若上、下采样率设置相同，则发送端和接收端的 IQ 速率也相同。

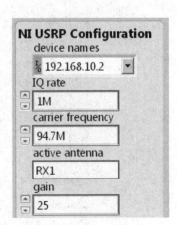

图 4-11　USRP 参数设置

（3）"carrier frequency" 为 USRP 的载波频率，即射频信号的发射和接收频率，单位为 Hz。每个 USRP 都有一定的频率范围，设置的载波频率必须要在 USRP 的频率范围内。例如，USRP-2920 的频率范围是 50 MHz～2.2 GHz。

（4）"active antenna"是指需要使用的天线，在 USRP–2920 中天线端口有 TX1（发射端口 1）、RX1（接收端口 1）、RX2（接收端口 2）。需要注意的是，TX1、RX1 共用一个天线端口，所以 TX1 和 RX1 不能同时使用。

（5）"gain"是指对发送或接收信号功率的放大增益，单位为 dB。此处输入的值的范围为 0～30。

4.2.4 USRP 的 IP 地址查找

下面介绍如何查找 USRP 的 IP 地址[7]，具体的查找步骤可分为以下三步。

（1）确保 USRP 开机，且计算机与 USRP 之间的网线连接正常。

（2）手动修改计算机的 IP 地址，使其与 USRP 的 IP 地址处于同一网段，即将其修改为 192.168.10.Y。建议拥有较多 USRP 的教学实验室将 USRP 的 IP 地址 192.168.10.X 按 $X \in$［1，20］进行统一设置。修改计算机本地连接的 IP 地址时，可选取 $Y \in$［21，255］，以保证计算机与所连的 USRP 在同一网段而地址不同。

（3）通过驱动来找到 USRP 的地址：在 Windows 系统菜单选择【开始】|【所有程序】|【National Instruments】|【NI–USRP】|【NI–USRP Configuration Utility】命令，打开如图 4–12 所示的界面，在这一界面中的"IP Address"处可看到当前与计算机相连的 USRP 的 IP 地址，然后在图 4–11 中的"device names"栏中填入此 IP 地址即可。

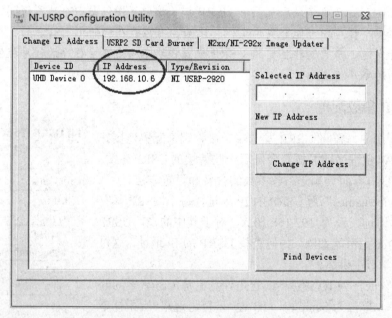

图 4–12 【NI–USRP Configuration Utility】界面（显示 USRP 的 IP 地址）

如果在图 4–12 所示的界面中无法显示 USRP 的 IP 地址，如图 4–13 所示，则很有可能是计算机与所连 USRP 的 IP 地址相同导致的。此时可以按第（2）步修改计算机的 IP 地址，然后按照上述第（3）步进行再次尝试。

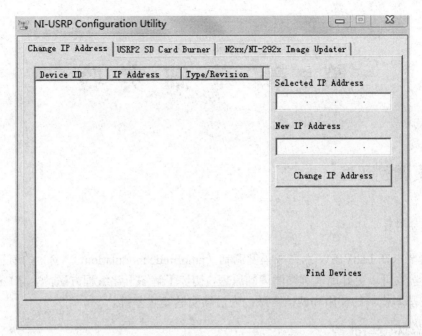

图 4–13　【NI–USRP Configuration Utility】界面（未显示 USRP 的 IP 地址）

第 5 章 基 础 实 验

5.1 幅度调制实验

5.1.1 实验目标

本实验要求在 LabVIEW 上完成幅度调制（amplitude modulation，AM）的演示程序。通过本实验，学生可以更好地理解幅度调制原理，初步了解图形化编程方法，学习 LabVIEW 的操作方法及基本模块的使用和调试方法，为后续实验奠定基础。

5.1.2 实验环境与准备

（1）软件环境：LabVIEW 2012（或以上版本）。
（2）硬件环境：一台计算机。
（3）实验基础：预习 LabVIEW 的基本编程环境。
（4）知识基础：预习幅度调制与解调的原理。

5.1.3 实验介绍

本实验主程序前面板如图 5-1 所示，该图中的 4 个波形图分别为载波信号时域波形图、已调信号时域波形图、已调信号频域波形图和解调信号时域波形图。利用该图中的 4 个水平滑动条可以改变载波信号的频率和幅度、调制信号的频率和幅度。通过改变这 4 个参数，可以观察上述 4 个波形图的变化，并确定解调信号的频率和幅度与原信号是否一致。

本实验主程序主要包括以下 4 个模块，各模块的功能分别如下所述。

1）输入参数模块

本模块用于设定幅度调制的 4 个主要参数：载波频率、载波幅度、调制频率、调制幅度。

2）幅度调制模块

本模块用于对信号进行幅度调制。

3）AM 解调模块

本模块用于对 AM 信号进行解调。

4）显示控件模块

本模块实时显示信号的波形和参数，以便更加直观地理解调制解调的实际含义。本实验包含的显示控件有：载波信号时域波形图、已调信号时域波形图、已调信号频域波形图、解调信号时域波形图、解调信号的频率值、解调信号的幅度值。

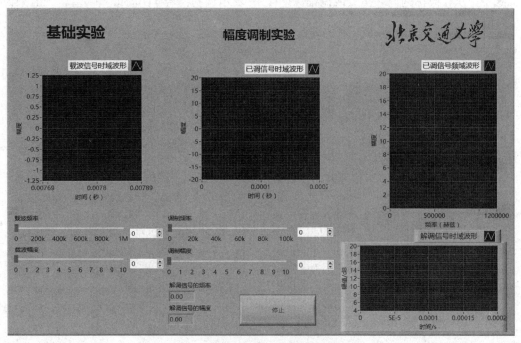

图 5-1　幅度调制实验主程序前面板

5.1.4　实验任务

本次实验的任务是完成 AM Mod&dem（student）程序。完成本实验后，请提交上述程序和实验报告。

AM 是一种模拟线性调制方法。在频域上，已调信号频谱是基带调制信号频谱的线性位移；在时域上，已调信号的包络与调制信号的波形呈线性关系[9]。

幅度调制的载波信号通常是射频单载波信号（如余弦波），可由它作为载体来传递信源信号中的信息。调制结果是一个双边带信号，中心是载波频率，带宽是原信号的 2 倍。已调信号的数学表达式为

$$s_{AM}(t) = m(t)c(t) = A_0 \cos(\omega_c t + \theta_0) + f(t)\cos(\omega_c t + \theta_0) \tag{5-1}$$

式中，$m(t)$是调制信号，其直流分量为A_0，交流分量为$f(t)$；$c(t)$是载波信号，它是角频率为ω_c、初始相位为θ_0的余弦信号。

从式（5-1）可以得出，幅度调制的已调信号就是 $m(t)$ 和 $c(t)$ 的乘积。为了实现对载波信号幅度的线性调制，$m(t)$应该包含直流分量以保证 $m(t)$ 正包络，即

$$\left| f(t) \right|_{\max} \leqslant A_0 \tag{5-2}$$

这样才能够保证 $s_{AM}(t)$ 的包络完全在时间轴上方（见图 5-2）。

根据式（5-2），为避免产生"过调幅"现象而导致包络检波的严重失真，定义一个重要参数：

$$\beta_{AM} = \frac{A_m}{A_0} \leqslant 1 \tag{5-3}$$

式中，β_{AM} 被称为调幅指数或调幅深度；A_m 表示调制信号 $f(t)$ 的最大幅值。一般来说，β_{AM} 不超过 0.8。

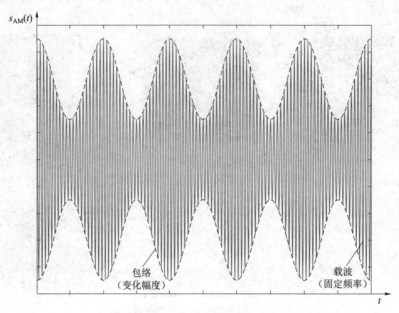

图 5-2　调幅信号时域图

下面对在频域上的幅度调制进行分析。对于式（5-1），可直接通过傅里叶变换得到其频域表达式：

$$s_{AM}(\omega) = [2\pi A_0 \delta(\omega + \omega_c) + F(\omega + \omega_c)]\frac{e^{-j\theta_0}}{2} + [2\pi A_0 \delta(\omega - \omega_c) + F(\omega - \omega_c)]\frac{e^{j\theta_0}}{2} \quad （5-4）$$

AM 已调信号频谱图如图 5-3 所示。

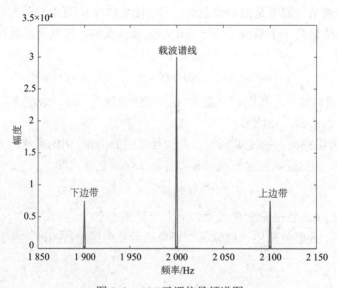

图 5-3　AM 已调信号频谱图

待完成的幅度调制实验的程序框图如图 5-4 所示，该程序框图包含一个 While 循环。实验所需要的主要控件都已经放在程序框图里了，包括各类控制器、显示控件及分析控件。还有一些较简单的控件需要学生自己去找，相应控件的作用可以参考 LabVIEW 自带的帮助信息。

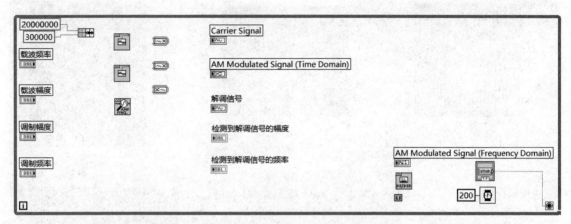

图 5-4　待完成的幅度调制实验的程序框图

下面介绍一般的操作步骤。

（1）设置正弦波形函数的采样信息。将正弦波形函数的输出与载波幅度相乘得到载波信号。

（2）设置另一个正弦波形函数，使其产生调制波形。

（3）利用两个转换到动态数据控件分别将两个正弦波形函数的输出波形转换为动态数据。

（4）进行幅度调制，先把调制信号与一个直流信号相加，再与载波相乘，由此得到已调信号。

（5）利用 FFT 功率谱和 PSD 函数产生频谱。

（6）根据幅度调制原理，编写解调程序。

幅度调制可以采用相干解调，即将已调信号与载波相乘，然后通过低通滤波器滤除高频分量，并在幅度上做一定修正，即可以恢复出原来的调制信号。另外在满足 $|f(t)|_{max} \leqslant A_0$ 条件下，也可以采用包络检波法。包络检波器通常由整流器和低通滤波器组成。与相干解调不同的是，包络检波不需要恢复载波和幅度修正。

为了帮助学生快速熟悉实验工具，完成向独立设计型实验的过渡，这里给出本实验的具体步骤供学生参考、学习。

（1）首先打开该程序，检查已经提供的前面板和程序框图。

（2）在前面板中进行编程，以完成一个单音信号的幅度调制和解调。

（3）在完成这个程序后，改变载波及调制信号的幅度和频率，观察已调信号在时域和频域上的变化。此时在解调信号时域波形图中能看到解调后的波形，检测到的解调信号频率和幅度应该和设置的调制信号相同。

图 5-5 给出了完成上述操作步骤后，程序运行时的前面板效果，可供学生验证自己的实验。

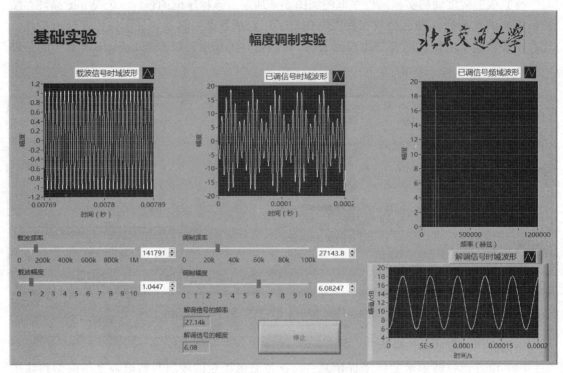

图 5-5　已完成程序的前面板效果参考

单击【运行】按钮执行程序，改变载波、调制信号的幅度值和频率值，以查看这些参数对幅度调制的影响。

实验报告

学生姓名		学号		指导教师	
实验名称	幅度调制实验				
实验任务	完成 AM Mod&dem（student）程序				
程序设计					
	（注：请附实验任务中的各程序的框图，并简述设计思路。）				

续表

遇到的问题与 解决办法	
实验结果与分析	
实验扩展	（1）幅度调制中为什么要抑制载波？对于 AM 信号来说，抑制载波的双边带信号可以增加多少功效？ （2）简述双边带（DSB）调制、单边带（SSB）调制、残留边带（VSB）调制的概念和实现方式，分析并比较 DSB 和 SSB 的抗噪声性能。 （3）根据已学知识简述幅度调制有哪些解调方式，它们的基本原理是什么，各有什么优缺点？ （4）什么是门限效应？AM 信号采用包络检波时为什么会产生门限效应？为什么相干解调不存在门限效应？
心得体会	

5.2 频率调制实验

5.2.1 实验目标

本实验要求在 LabVIEW+USRP 软件无线电平台上完成一对调频（frequency modulation, FM）收发信机，要求可以通过接收端或者普通的调频收音机或者手机接收到发送端发送的 WAV 格式的声音文件，并用学生做好的调频接收机收听调频广播。本实验将加深学生对频率调制相关概念的理解，并有助于学生初步掌握 LabVIEW+USRP 软件无线电平台的使用方法。

5.2.2 实验环境与准备

（1）软件环境：LabVIEW 2012（或以上版本）。
（2）硬件环境：两套 USRP（支持 97～108 MHz 频段）、两台计算机。
（3）实验基础：预习 LabVIEW 的基本编程环境和 USRP 的基本操作。
（4）知识基础：预习频率调制与解调的原理。

5.2.3 实验介绍

本实验包括发送端和接收端 2 个主程序。

1. 发送端主程序

本实验的发送端主程序前面板如图 5-6 所示。前面板左侧为参数输入部分，可以设置声音文件路径、USRP 配置等控制参数。前面板右侧为输出部分，可以显示发射声音信号的时域波形和频域波形。如果程序运行出错，还会在"错误输出"部分显示错误代码和相应的错误描述，以便于程序的调试。

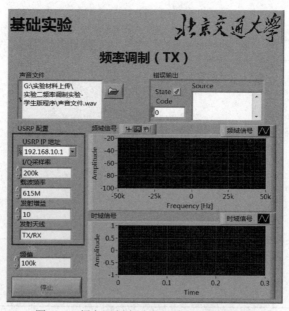

图 5-6　频率调制实验发送端主程序前面板

发送端主程序包含 3 个功能模块，各模块功能分别如下所述。

1）获取音频文件

此模块的作用是根据输入的路径获取音频文件，对应程序框图中的 subGetSoundFile 子程序，如图 5-7 所示。

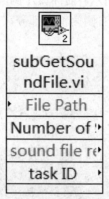

图 5-7　subGetSoundFile 子程序

本模块的输入是外部音频文件的路径，要求必须为 WAV 格式；输出是每次从声音文件中读取的样点数、声音文件的引用句柄及任务 ID。

2）读取声音波形

此模块的作用是将获取音频文件模块中得到的声音文件转换成波形数组形式输出，并将波形数据写入声音输出设备，这样在发送端就可以听到将要发送的声音。此模块对应于程序框图中的 subReadSoundFile 子程序，如图 5-8 所示。

本模块的输入是 subGetSoundFile 子程序的 3 个输出，输出是声音文件的引用句柄、任务 ID、波形数据及文件结束标识。

3）进行频率调制

此模块的作用是对音频进行频率调制，对应于程序框图中的 subFMMod 子程序，如图 5-9 所示。

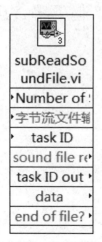

图 5-8　subReadSoundFile 子程序

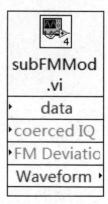

图 5-9　subFMMod 子程序

本模块的输入是声音波形数据、I/Q 采样率和频偏，输出是经过频率调制的时域波形。调制后的波形数据首先进入 niUSRP Write Tx Data（poly）函数，然后根据前面板上配置的各项参数发射到空间中，以供接收端程序、普通的调频收音机或者手机接收。

2. 接收端主程序

接收端主程序前面板如图 5-10 所示。前面板左侧同样为参数输入部分，可以配置 USRP 的各项参数及声卡的采样率；前面板右侧为输出部分，可以显示对接收到的声音信号进行解调后的时域波形和频域波形。

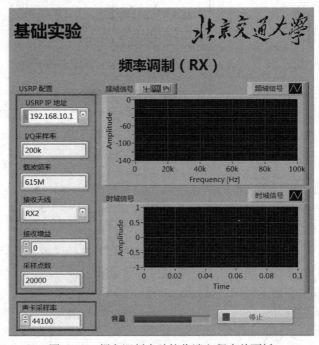

图 5-10　频率调制实验接收端主程序前面板

接收端主程序包含 2 个功能模块，各模块功能分别如下所述。

1）进行 USRP 配置

此模块的作用是根据前面板上输入的各项参数对 USRP 进行配置，对应于程序框图中的 subUSRPCon(rx)子程序，如图 5-11 所示。

图 5-11　subUSRPCon(rx)子程序

本模块的输入是前面板上输入的各项参数，包括 USRP IP 地址、载波频率、I/Q 采样率等；输出为 USRP 的引用句柄及错误信息输出。

2）进行频率解调

此模块的作用是对接收到的信号进行频率解调，对应于程序框图中的 subFMDemod 子程序，如图 5-12 所示。

图 5-12　subFMDemod 子程序

本模块的输入是 niUSRP Fetch Rx Data（poly）函数输出的从空间中接收到的波形数据，以及根据声卡采样率和 I/Q 采样率得到的重采样率；输出是解调后的信号和重采样后的信号。将重采样后的信号输入 subSound_Out_16b_mono 函数便可以通过声卡收听到解调后的声音。

5.2.4　实验任务

本次实验中的大部分程序已经提前准备好，学生只需要完成 subFMMod 子程序和 subFMDemod 子程序来实现对声音波形的频率调制和解调。完成本实验后，请提交上述程序和实验报告。

1. subFMMod 子程序

在这个子程序中学生需要分两步来完成对声音信号的频率调制。

（1）由于声卡对声音信号的采样率并不是我们需要的采样率，因此首先要对输入的声音波形数据进行重采样，把信号的采样率调整成前面板上设置的 I/Q 采样率。在这一步可能要用到波形重采样函数。

（2）对重采样后的波形数据进行频率调制。此时需要用到 MT Modulate FM 函数，可以在函数选板上选择【RF Communications】|【Modulation】|【Analog】|【Modulation】命令找到该函数。

2. subFMDemod 子程序

在这个子程序中学生需要完成对接收信号的频率解调，这里推荐一种经典的反正切解调方法，当然学生也可以使用其他的方式完成解调。反正切解调方法的基本思想和实现过程如下所述。

对于连续波调制，调制信号的数学表达式可以写成：

$$S(n) = A_0 \cos[\omega_c n + \varphi(n)] \tag{5-5}$$

即 $S(n) = A(n)\cos[\omega_c n + k\sum m(n) + \varphi_0]$。在该表达式中，$\omega_c$ 表示载波的角频率，k 表示比例因子，φ_0 是一个常数。将该表达式展开后可以得到：

$$S(n) = A(n)\cos[k\sum m(n) + \varphi_0]\cos(\omega_c n) - A(n)\sin[k\sum m(n) + \varphi_0]\sin(\omega_c n) \tag{5-6}$$

正交展开后的同相分量和正交分量分别为

$$S_I(n) = A(n)\cos[k\sum m(n) + \varphi_0] \tag{5-7}$$

$$S_Q(n) = A(n)\sin[k\sum m(n) + \varphi_0] \tag{5-8}$$

对正交分量与同相分量之比进行反正切运算，可得：

$$\varphi(n) = \arctan\left(\frac{S_Q(n)}{S_I(n)}\right) = k\sum m(n) + \varphi_0 \tag{5-9}$$

然后，对相位进行差分运算，就可以得到调制信号为

$$m(n) = \varphi(n) - \varphi(n-1) \tag{5-10}$$

通过上述理论分析可以得知，在程序中只需要将接收到的基带波形信号转化为极坐标形式，得到相位信息后再对其进行差分运算，即可得到调制前的原始信号。

在这一过程中可能会用到如下子程序：① subComplextoPolarWF，用于将信号转化为极坐标形式；② subUnwrap Phase–Continuous，用于消除相位的不连续；③ subDifferentiate Continuous，用于对相位进行逐点求导。此外，与发送端类似，同样需要对解调后的信号进行重采样，使得其采样率与声卡的采样率相匹配。

请合理利用上述提示和提供的子程序完成信号的解调并输出解调后信号的时域波形。

3. 实验结果验证

在完成程序编写后，可以通过以下步骤对程序的正确性进行验证。

（1）验证发送端的正确性。在正确地连接 USRP 并配置好各项参数后（尤其注意载波频率的设定，可以将其设置为 100 MHz），选择一个自定义的 WAV 格式的音频文件。在程序运行后设备应该能够持续运行，且在发送端前面板上能够观察到信号正确的时域波形和频域波形。正常情况下可以利用普通的调频收音机或者手机接收到发送端发送的音频信号。

（2）验证接收端的正确性。请正确地连接硬件设备并配置参数，然后将载波频率调整到某个公共调频广播电台，比如北京地区可以设为调频 103.9 MHz（北京交通广播电台）。如果程序编写正确，将可以较清晰地听到广播内容。

（3）将发送端和接收端同时运行，形成一对调频收发信机。当它们的载波频率相同时，接收端可以收到发送端发出的音频信号，成功解调后可听到清晰的声音。

实验报告

学生姓名		学号		指导教师	
实验名称	频率调制实验				
实验任务	完成 subFMMod 子程序和 subFMDemod 子程序				
实验平台搭建	（注：请用简图示意本实验中硬件的连接方式。）				
程序设计	（注：请附实验任务中的各程序的框图，并简述设计思路。）				
遇到的问题与解决办法					
实验结果与分析					
实验扩展	（1）频偏的意义是什么？它怎样影响调制信号？从听众的角度考虑，我们能做些什么来解决这一问题？做一些测试验证自己的观点。 （2）列出一些能表明你设计的调频收发信机性能优劣的技术指标。 （3）尝试使用另一种解调算法来实现解调，并基于 LabVIEW+USRP 软件无线电平台验证其可行性。比较采用两种方法所设计的调频接收端的功能和性能，并进行必要的方案改进。				
心得体会					

5.3 信源编码实验

5.3.1 实验目标

本实验要求完成一个 LabVIEW 程序，使其对选择的 WAV 格式的文件进行霍夫曼编码（Huffman coding）。该实验有助于学生加深对信源编码的理解，掌握离散余弦变换（discrete cosine transform，DCT）的物理含义及霍夫曼编码的实现技术。

5.3.2 实验环境与准备

（1）软件环境：LabVIEW 2012（或以上版本）。
（2）硬件环境：一台计算机。
（3）实验基础：预习 LabVIEW 的基本编程环境。
（4）知识基础：预习并理解霍夫曼编码的原理。

5.3.3 实验介绍

本实验主程序前面板如图 5–13 所示，左侧为参数输入部分，右侧为输出显示部分。需要强调的是，通过移动 DCT 输出波形图中的两条黄线可以调节传输音频信号的频率范围，两条黄线之间的部分就是传输的音频信号频率范围。

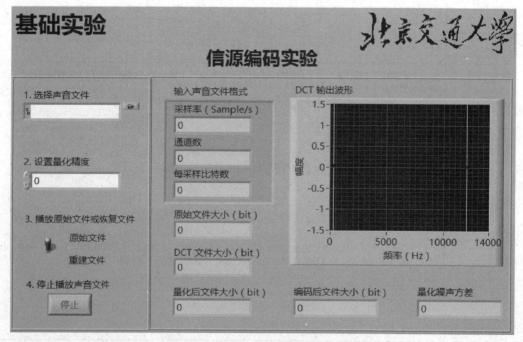

图 5–13 信源编码实验主程序前面板

本实验主程序主要包含以下 8 个模块，各模块的功能分别如下所述。

1）读取音频文件

LabVIEW 提供了一个能够读取 WAV 格式的原始音频文件并输出音频波形的用户自定义模块。事实上，它输出的是一个波形数组。如果是立体声，将得到两个波形，分别为左声道和右声道。在本书的示例中，因为 WAV 格式文件只有一个声道，所以直接提取即可。和 Matlab 不同的是，LabVIEW 中数组元素的索引从 0 开始。每个波形是由采样值（用"Y"表示）和取样时间（用"dt"表示）组成的时间样本数组。

2）完成 DCT 操作并对音频信号进行压缩

频域压缩是压缩标准方案之一。音频信号通常主要分布在较低的频率范围内，因此，为进一步压缩信号，常见的做法是忽略较高的频率成分（这些频率成分系数几乎为 0）。这里，可通过 DCT 获得音频信号的频域表示，并实现对这一样本数组的压缩。

3）DCT 系数量化

完成 DCT 操作并对音频信号进行压缩的模块输出的 DCT 系数为实数，而数字通信使用二进制传输，因此不能全精度来传输这些实数。此时，需要在传输数据量和数据精度间进行权衡。精度表示每一个 DCT 样本所采用的位数，如果将精度设置为 4 位/样本，即表明传输每个 DCT 样本需用 4 位，此时能表示 2^4 个不同的 DCT 值，其他的值必须被强制转换成这 16 个值中的一个。本模块的主要功能就是根据选择的精度对前一模块输出的 DCT 系数进行量化处理。

4）霍夫曼编码

量化完成后就得到一个频域样本的数组，其中每个样本是一个二进制数据，其位数由量化精度决定。在这个数组里，有些样本比其他样本出现的频次高，信源编码就利用这种冗余特性压缩数据，我们熟知的霍夫曼编码就是一种信源编码技术。

5）霍夫曼解码

接收端先要进行霍夫曼解码。需要注意的是，接收端要想进行霍夫曼解码还需要知道霍夫曼编码的参数。

6）反量化

该模块将上一步完成后得到的二进制数组转换成一个实数数组。

7）补零后逆 DCT

上一步获得的实数是接收端 DCT 系数的估计值。发送端在量化之前丢弃了部分 DCT 系数，因此在本模块用 0 替代所有丢弃的 DCT 系数，并对接收端的估计值进行逆 DCT 处理。

8）重建波形

根据通过逆 DCT 处理而得到的采样值重建波形，并把它播放出来。

5.3.4 实验任务

本次实验的任务是完成 DCT_block、Quantize_to_2Darray、form_tree 和 form_codebook 四个子程序。完成实验后，请提交上述子程序和实验报告。

1. DCT_block 子程序

编写一个 DCT 模块，它可以接收一组双精度实数，并输出一个同等大小的 DCT 系数数组（仍为双精度实数）。DCT 计算公式如下：

$$X_k = \begin{cases} \dfrac{1}{\sqrt{N}} \sum\limits_{n=0}^{N-1} x_n \quad , \quad k = 0 \\ \sqrt{\dfrac{2}{N}} \sum\limits_{n=0}^{N-1} \left(x_n \cos\left(\dfrac{\pi\left(n+\dfrac{1}{2}\right)k}{N} \right) \right), \quad k = 1, 2, \cdots, N-1 \end{cases} \tag{5-11}$$

其中，x_0 到 x_{N-1} 是输入的数组，X_0 到 X_{N-1} 是输入数组的 DCT 变换。注意：对于不同的 DCT，其实现算法的运行时间也不同。

为了测试代码，应将文件夹中的 audio_sample.wav 作为 DCT_block 子程序的输入，其 DCT 输出波形图应如图 5-14 所示。

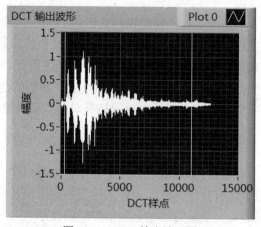

图 5-14　DCT 输出波形图

2. Quantize_to_2Darray 子程序

我们需要把一个实数数组量化成一个二进制数组（其中样本长度=量化精度），或者量化成一个二维比特数组（其中每一行代表一个样本），该二进制数为实数样本的标号，称为该实数的偏移二进制数。现将算法介绍如下。

（1）找出数组的全尺寸（用 S 表示），并保证数组中的元素全部在 $-\dfrac{S}{2}$ 和 $\dfrac{S}{2}$ 之间。方法：设输入实数数组中的绝对值最大的元素为 x，则 $S = 2|x|$。

（2）如果精度为 L 位/样本，那么将 $\left[-\dfrac{S}{2}, \dfrac{S}{2}\right]$ 分成 2^L 个间隔，间隔大小（用 T 表示）为 $\dfrac{S}{2^L}$。

（3）最后，定义实数 X 的偏移二进制为

$$\text{Binary}\left\{ \dfrac{X + \dfrac{S}{2}}{T} \right\} \tag{5-12}$$

其中，$\text{Binary}\{x\}$ 表示 x 的二进制形式，子程序 decimal_to_binary 可用于实现 $\text{Binary}\{x\}$ 的功能。使用时必须先创建偏移量，然后才能用提供的函数计算其对应的二进制数。

为了测试你的代码，实验时可以图 5-15 左侧数据作为输入，其输出应如图 5-15 右侧

所示。

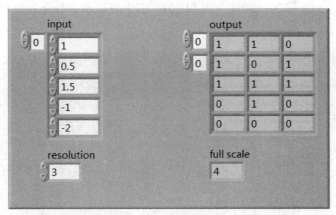

图 5–15　检测 Quantize_to_2Darray 子程序

3. form_tree 子程序

huffman_encoder 子程序可对获得的二进制数组进行霍夫曼编码处理。请注意，主程序前面板的量化精度为每个 DCT 样本的位数 L（二进制表示）。huffman_encoder 包含完整的 form_frequency_distribution、待完成的 form_tree 和 form_codebook 等子程序。其中，form_frequency_distribution 子程序计算每个二进制数出现的频次并得到其频率分布表，该子程序的输出为叶子节点的编号和频次，即包含叶子节点信息的初始化树；form_tree 子程序实现由初始化树得到完整树。

霍夫曼完整树可存储包含 7 个数组的簇。

（1）节点号（node number）：树中的每个节点都有一个编号（从 0 开始）。

（2）频次（frequency）：指每个节点对应的二进制数出现的频次（对于非叶子节点，其频次是两个子节点频次之和）。

（3）母节点（parent）：节点的上一级节点称为其母节点，此处以其母节点对应节点号表示。如果节点没有母节点或者其母节点未知，则默认为–1。

（4）0/1 子节点（0/1 child）：用"第 0 个子节点"和"第 1 个子节点"区分任意非叶子节点的两个子节点。这是一个 0/1 数组，它表明这个节点是母节点的第 0 个还是第 1 个子节点。如果这个节点没有母节点或者其母节点未知，则默认为–1。

（5）第 0 个子节点（0 child）：指该节点的第 0 个子节点的节点号。如果没有子节点，则默认为–1。

（6）第 1 个子节点（1 child）：指该节点的第 1 个子节点的节点号。如果没有子节点，则默认为–1。

（7）十进制值（decimal value）：节点对应二进制数的十进制表示。

为了帮助学生更好地理解数据格式和树的创建过程，这里先来看下面这个例子（见图 5–16）。

首先，请输入图 5–16 中【input data】区域所示的二进制数组。图中【initialized tree】区域显示了在这样的输入下，运行 form_frequency_distribution 子程序得到的输出。注意，在输入的二进制数组中二进制序列"1100"和"1000"分别出现了 4 次和 3 次，"0010"和"0001"

各出现 1 次，其频次表如图 5-16 中左下方【frequency distribution】区域所示。"1100"和"1000"的十进制表示分别为 12 和 8，"0010"和"0001"的十进制表示分别为 2 和 1。该数组的霍夫曼树如图 5-17 所示。

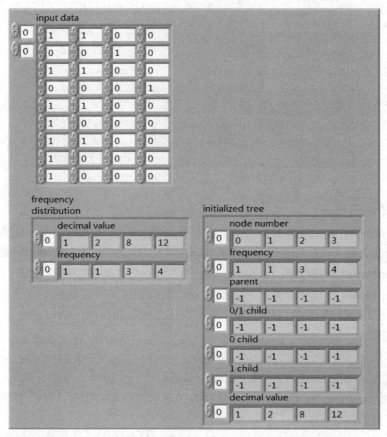

图 5-16 form_frequency_distribution 子程序输出的初始化树

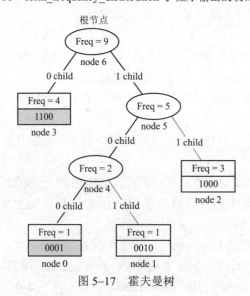

图 5-17 霍夫曼树

注意，初始化的树只有 4 个叶子节点，form_tree 子程序输出的完整树应如图 5−18 所示。

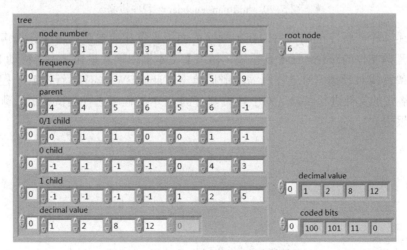

图 5−18　form_tree 子程序输出的完整树

4. form_codebook 子程序

form_codebook 子程序完成编码表的生成。编码表是 DCT 样点的二进制表示（L 位）到霍夫曼序列的映射。它就像一本字典，在这本字典中可以查找任意一个 L 位的二进制数所对应的霍夫曼序列。

为了创建这个编码表，需要找到所有非零频次的 L 位二进制数对应的霍夫曼码字。为得到每个叶子节点对应的霍夫曼码字，需要从该叶子节点起，向上穿过树到达根节点（霍夫曼树中最上级的节点称为根节点），判断其反向路径（从根节点到叶子节点）中每段叶子节点分别是其母节点的第 0 个子节点（记"0"）还是第 1 个子节点（记"1"），得到的 0/1 子节点编号序列即为其霍夫曼编码比特序列。例如，参考图 5−17 和图 5−19，数字 12（1100）是根节点（节点 6）的第 0 个子节点，则其霍夫曼码字为 0。同样，数字 1（0001）是节点 4 的第 0 个子节点，节点 4 是节点 5 的第 0 个子节点，节点 5 本身是根节点（节点 6）的第 1 个子节点，因此数字 1 的霍夫曼码字为 100。

图 5−19　form_codebook 子程序的输出

最后 form_codebook 子程序输出 2 个数组，一个数组为叶子节点的十进制值数组，另一个数组为对应的字符串，即叶子节点对应的霍夫曼码字。

huffman_encoder 子程序的最后一部分程序可根据生成的编码表对每一个输入比特块进行编码处理。该编码表查询操作的程序已经完成。huffman_encoder 子程序的检测可以由图 5-20 提供的数据完成。

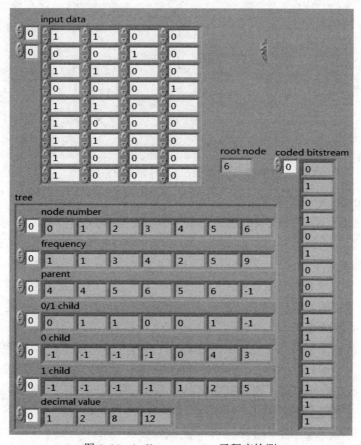

图 5-20　huffman-encoder 子程序检测

完成上述 4 个子程序的编写后，在主程序前面板设置相应参数：在【选择声音文件】文本框中输入音频文件的路径，在【设置量化精度】文本框中输入量化精度，移动 DCT 输出波形图中的两条黄线对音频信号进行压缩，最后单击 LabVIEW 程序运行键启动程序。试用任意的 WAV 格式的文件进行实验，对上述编写好的 4 个子程序进行测试并记录测试结果，最后完成实验报告。

实验报告

学生姓名		学号		指导教师	
实验名称	信源编码实验				
实验任务	完成 DCT_block、Quantize_to_2Darray、form_tree 和 form_codebook 四个子程序				
程序设计	（注：请附实验任务中的各程序的框图，并简述设计思路。）				
遇到的问题与解决办法					
实验结果与分析					
实验扩展	（1）改变量化精度，比较重建音频信号的不同，分析量化精度对重建信号的影响。 （2）改变传输音频信号的频率范围，比较重建音频信号的不同，分析频率范围对重建信号的影响。				
心得体会					

5.4 数字调制解调实验 I

5.4.1 实验目标

本实验要求完成一个 LabVIEW 程序,它能够将 PN 序列或文本作为信源并对其进行数字调制解调。本实验的目的是让学生进一步熟悉 LabVIEW 编程软件的基本操作,并在编程过程中加深对常见数字调制方式的理解,巩固相关基础知识。

5.4.2 实验环境与准备

(1)软件环境:LabVIEW 2012(或以上版本)。
(2)硬件环境:一台计算机。
(3)实验基础:掌握 LabVIEW 编程软件的基本操作技巧。
(4)知识基础:预习常见的数字调制解调技术(BPSK 和 QPSK),理解星座图、信噪比、误比特率等概念。

5.4.3 实验介绍

本实验主程序的设计流程如图 5-21 所示。设计程序时,首先要对信源的生成和调制方式进行选择,并按照所选的调制方式对信源进行调制;其次对调制后的信号进行添加噪声处理;再次对信号进行数字解调处理以恢复信源信息;最后对比解调后的数据和原始的信源数据,并计算误比特率。

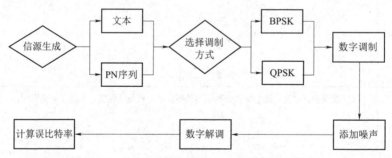

图 5-21　数字调制解调实验 I 主程序设计流程图

本实验包含一个主程序和若干子程序,其中主程序为 Digital modulation。主程序前面板如图 5-22 所示。

在图 5-22 中,左上角是参数配置选项卡,单击【信源参数】选项卡后可以设置信源类型、文本内容及 PN 序列长度等;单击【调制参数】选项卡后可以设置调制方式、采样率、过采样率等参数;单击【滤波参数】选项卡后可以设置脉冲成形和匹配滤波器的相关参数(如滤波器类型和滤波器长度等)。通过主程序前面板右上角可以观察发送端和接收端的星座图。主程序前面板其余的部分用来显示接收端的各种信息,包括当信源为文本时经解调恢复后的文本内容、当前信噪比、当前信噪比错误比特数、当前信噪比接收总比特数和当前信噪比误比特率等数据,接收端接收到的解调前的 I/Q 数据等。

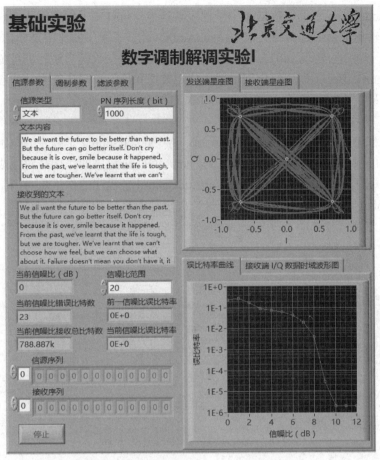

图 5-22　数字调制解调实验 I 主程序前面板

本实验主程序的核心程序框图如图 5-23 所示。

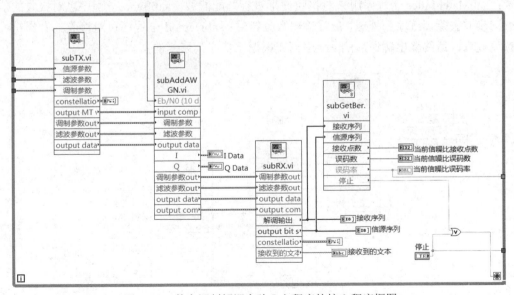

图 5-23　数字调制解调实验 I 主程序的核心程序框图

Digital modulation 主程序包括 4 个子程序。其中，subTX 子程序用来实现信源的产生、调制和滤波，输出的是经过调制的信号；subAddAWGN 子程序的作用是向信号添加 AWGN 噪声；subRX 子程序可实现 subTX 子程序的逆过程，即对接收信号进行匹配滤波、解调并还原信源信息；subGetBer 子程序的作用是根据信源数据和接收数据计算当前信噪比下的误比特率。该主程序最主要的部分是 subTX 和 subRX 这两个子程序。

1. subTX 子程序

subTX 子程序的程序框图如图 5-24 所示。其中，subSource 子程序的作用是根据要求的信源类型生成信源信息，输出的是比特序列；subMOD 子程序的作用是对生成的信源比特序列进行调制，并输出调制后的符号数据；subAddControl 子程序的作用是对调制后的符号添加控制序列；subPulseShaping 子程序可对符号数据进行上采样和脉冲成形处理；subMakeWave 子程序可生成已调信号波形。

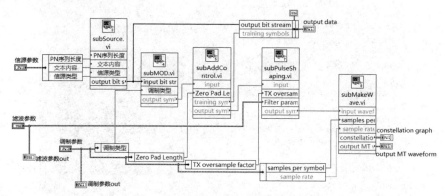

图 5-24 subTX 子程序的程序框图

2. subRX 子程序

subRX 子程序的程序框图如图 5-25 所示。其中，subRXint 子程序用于计算并调整一些参数；subMatchFilter 子程序用来对接收波形进行匹配滤波；subSync 子程序可对接收的信号进行同步并去除训练序列处理，最终输出数据符号；subDemod 子程序可对接收的数据符号进行解调处理，最终输出解调后的 PN 序列或根据比特序列恢复的文本内容。

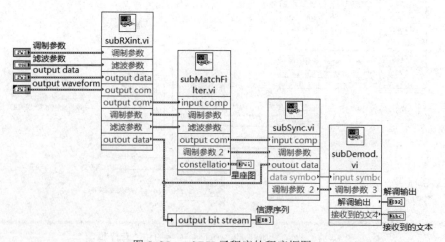

图 5-25 subRX 子程序的程序框图

5.4.4　实验任务

本次实验的任务是完成 subMOD、subPulseShaping、subMatchFilter 和 subDemod 这四个子程序。请按照下面的提示正确完成各子程序的编写，并提交完整的程序和实验报告。

1. subMOD 子程序

这个子程序的作用是实现 BPSK 或 QPSK 基带调制，即将输入的信源比特序列映射到符号域，输出复数形式的符号。

以 BPSK 调制方式为例，BPSK 把信息序列中的每一比特映射成一个符号，映射符号有两种可能的相位。在数学上，每比特调制信号可表示为

$$s_b(t) = \cos(2\pi f_m t - \phi_b) = \cos\phi_b \cos(2\pi f_m t) + \sin\phi_b \sin(2\pi f_m t) \qquad (5\text{–}13)$$

其中，f_m 是调制的频率，ϕ_b 是 $b=0$ 或 $b=1$ 时的相位偏移。如果选择的两个相位偏移分别是 $\pi/2$ 和 $-\pi/2$ 的话，可以将每比特调制信号 $s_b(t)$ 表示为

$$s_b(t) = \begin{cases} 0\cos(2\pi f_m t) + i\sin(2\pi f_m t) & , b = 0 \\ 0\cos(2\pi f_m t) - i\sin(2\pi f_m t) & , b = 1 \end{cases} \qquad (5\text{–}14)$$

对应前面提到的将信息序列中的每一比特映射成一个复数符号，不难发现，BPSK 调制方式的映射关系为：将信源 0 映射成 0+i，将信源 1 映射成 0−i，其中 i 是虚数单位。

当调制方式为 QPSK 时，原理与 BPSK 类似。不同的是，QPSK 是将每两位信源比特映射成一个复数符号，因此有 4 种可能的表示符号。如果选择的 4 个相位偏移分别为 $\pi/4$、$3\pi/4$、$5\pi/4$ 和 $7\pi/4$，则对应的复数符号分别为 0.707+0.707i、−0.707+0.707i、−0.707−0.707i 和 0.707−0.707i。因此在 subMOD 子程序中需要完成的任务就是把输入的信源比特数据流映射到符号域上。例如，若输入的信源比特数据为 11 011 000，调制方式为 QPSK，则输出的复数符号应该为−0.707−0.707i、0.707−0.707i、−0.707+0.707i 和 0.707+0.707i。

2. subPulseShaping 和 subMatchFilter 子程序

这两个子程序的功能类似，分别是实现发送端的脉冲成形滤波和接收端的匹配滤波。信号通过滤波器就相当于信号和滤波器的时域脉冲响应做卷积。以发送端为例，首先根据设置的滤波器类型、滤波器长度等输入参数生成脉冲成形滤波器系数，然后根据设置的上采样率对输入符号进行上采样，最后将上采样后的信号与生成的滤波器系数做卷积，这样得到的便是经过成形滤波后的输出信号。接收端的实现过程与发送端类似，主要区别在于接收信号已经在发送端进行了上采样，因此在接收端匹配滤波前不再需要上采样操作。

3. subDemod 子程序

subDemod 子程序可实现对接收符号的解映射，即完成发送端 subMOD 子程序的逆过程。该子程序的输入是同步后的数据符号，输出是解调后的比特数据。如果是 BPSK 调制，则需要将每个输入的数据符号解映射成一比特数据；如果是 QPSK 调制，则需要将每个输入符号解映射成两比特数据。需要注意的是，在发送端进行映射的图谱要与接收端进行解映射的图谱相对应，这样才能够正确地解调出数据。

完成以上几个子程序的编写后，可以通过运行主程序来验证编写的子程序是否正确。

（1）在主程序前面板上合理设置各项参数。若信源类型为文本且使用 QPSK 调制，则还可以通过设置信噪比范围参数来确定信噪比的最大值。

（2）运行主程序，如果子程序正确，可以观察到接收端星座图、误比特率曲线、接收端

恢复的文本内容、实时误比特数据等输出信息，如图 5–26 至图 5–29 所示。

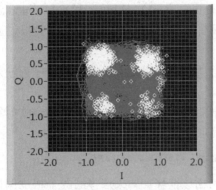

Q
I
2.0
1.5
1.0
0.5
0.0
-0.5
-1.0
-1.5
-2.0
-2.0
-1.0
0.0
1.0
2.0

图 5–26　接收端星座图

Bit Error (BER)
1E+0
1E-1
1E-2
1E-3
1E-4
1E-5
1E-6
0
2
4
6
8
10
12
14
Eb/No

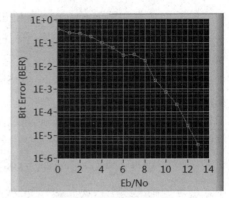

图 5–27　误比特率曲线

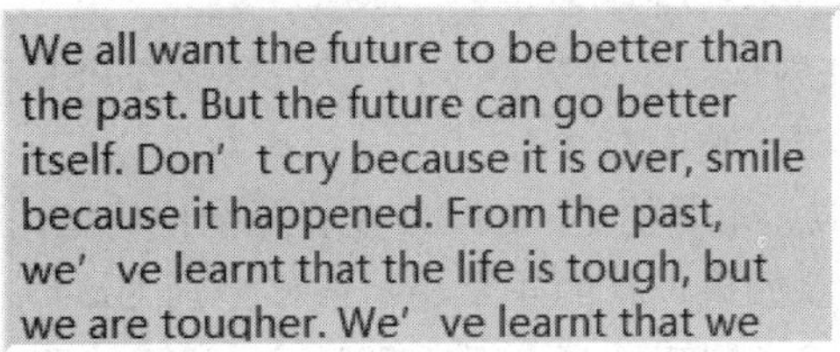

We all want the future to be better than
the past. But the future can go better
itself. Don’ t cry because it is over, smile
because it happened. From the past,
we’ ve learnt that the life is tough, but
we are tougher. We’ ve learnt that we

图 5–28　接收端恢复的文本内容

当前信噪比
14
信噪比范围
20
当前信噪比误比特数
0
前一信噪比误比特率
3.97798E-6
当前信噪比接收点数
457.744k
当前信噪比误比特率
2.18463E-6

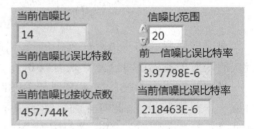

图 5–29　实时误比特数据

（3）改变参数，验证程序在不同参数下是否能够正确运行，并对比分析运行结果。

实验报告

学生姓名		学号		指导教师	
实验名称	数字调制解调实验 I				
实验任务	完成 subMOD、subPulseShaping、subMatchFilter 和 subDemod 这四个子程序				
程序设计	（注：请附实验任务中的各程序的框图，并简述设计思路。）				

遇到的问题与 解决办法	
实验结果与分析	
实验扩展	（1）每符号采样点数和过采样因子这两个参数的物理意义是什么？它们的取值与调制方式之间有什么关系？ （2）为什么要在发送端和接收端分别添加脉冲成形滤波器和匹配滤波器？它们有什么作用？
心得体会	

5.5 数字调制解调实验 II

5.5.1 实验目标

本实验的目标是通过 LabVIEW 实现不同调制方式，对比分析其性能，并学会使用 USRP 来实现射频信号的发射和接收。其中，调制解调部分可使用"数字调制解调实验 I"中已经完成的调制解调模块。通过配置 USRP 的参数，学生可进一步了解基带信号上变频到射频信号及射频信号下变频到基带信号的转变过程，并熟悉 LabVIEW 中 USRP 模块的配置方法。

5.5.2 实验环境与准备

（1）软件环境：LabVIEW 2012（或以上版本）。
（2）硬件环境：一套 USRP 和一台计算机。
（3）实验基础：预习 LabVIEW 编程环境和 USRP 的基本操作。
（4）知识基础：预习常见的数字调制解调技术及其相关概念。

5.5.3 实验介绍

本实验发送端主程序前面板如图 5–30 所示，在该前面板中可设置 USRP 基本参数，包括 IP 地址、载波频率、增益等；也可设置调制参数，包括调制方式的选择（BPSK 或 QPSK）、发送端的采样率、过采样因子、训练序列类型、脉冲成形滤波器类型、滤波器参数等。此外，在该前面板中还可显示发送的文本内容，发送信号的星座图、眼图。

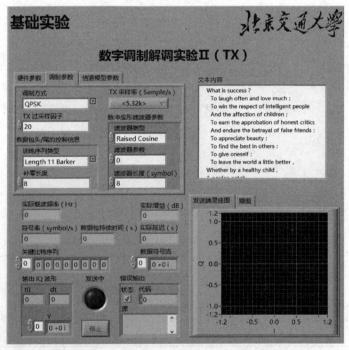

图 5–30　数字调制解调实验 II 发送端主程序前面板

　　本实验接收端主程序前面板如图 5–31 所示，其初始设置内容与发送端基本相同，但还要设置均衡和同步参数。输出显示部分为解调信号的同相和正交信号时域波形图，以及解调信号的星座图、眼图[10–11]和误比特率等。待程序编写完成后，可以通过运行程序来观察对比这些实时显示的图形和数值，以判断所编写程序是否正确。

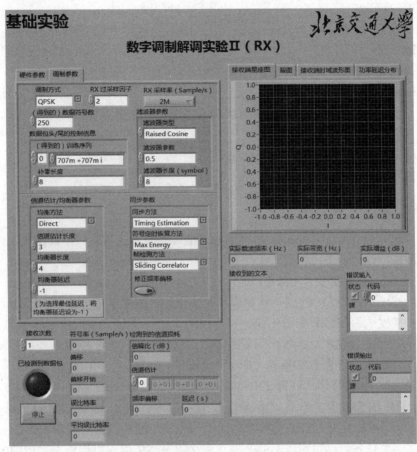

图 5–31　数字调制解调实验 II 接收端主程序前面板

下面分别介绍发送端和接收端的主程序。

1. 发送端主程序

本实验发送端主程序包含 4 个模块，各模块功能分别如下所述。

1）TXRF_init

本模块主要实现 USRP 的初始化，设置 USRP 参数。

2）transmitter

本模块是调制程序的核心，可实现基带信号的生成，主要功能包括信源编码、调制、脉冲成形等。

3）TXRF_prepare_for_transmit

本模块的作用是对调制信号的幅度进行归一化。

4）TXRF_send

本模块实现将调制信号送入 USRP，并实现射频发射。

2. 接收端主程序

本实验接收端主程序包含 5 个模块，各模块功能分别如下所述。

1）RXRF_init

本模块实现 USRP 初始化。

2）RXRF_config

本模块实现 USRP 的参数配置。

3）RXRF_recv

本模块接收射频信号，并实现下采样到中频。

4）receiver

本模块是解调程序的核心，可实现原数据流的恢复，主要功能包括匹配滤波、同步、信道估计、均衡、解调、检测误比特率等。

5）RXRF_close

本模块的作用是关闭 USRP 会话。

5.5.4 实验任务

本实验要求完成 top_tx 和 top_rx 两个主程序的编写，完成实验后，请提交上述程序和实验报告。完成以下三个任务可得到一个完整的程序，从而实现全部的功能。

1. 发送端 top_tx 主程序（任务 1）

在学生版程序中，BPSK 的调制解调模块是完整的，因此学生可选择 BPSK 调制方式以完成发送端和接收端的 USRP 配置工作。打开发送端主程序 top_tx 及主程序中的 TXRF_init 子程序，程序中通过 USRP 发送数据所需的函数都已经给出，学生须将这些函数与函数、函数与相应数据流通过适当的连线相连，并合理设置相关参数。

2. 接收端 top_rx 主程序（任务 2）

同理，选择 BPSK 调制方式，打开接收端主程序 top_rx 中的 RXRF_init 子程序和 RXRF_config 子程序，完成 USRP 接收数据函数的连接，同时设置相关参数。

完成上述两个任务后，可通过 USRP 发送和接收 BPSK 信号以检验刚完成的 USRP 配置是否正确（参数设置可参考图 5-32）。在确认 USRP 配置正确后，再进行下面的任务 3。

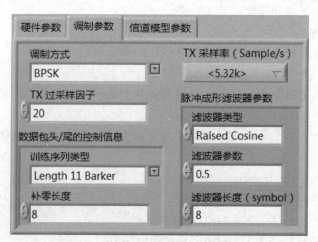

图 5-32　BPSK 调制参数设置参考

3. 添加 QPSK 调制解调模块（任务 3）

请在程序中完成 QPSK 的调制和解调，其实现方式可以参考 BPSK 的调制和解调方法或者"数字调制解调实验Ⅰ"中的相关内容。在整个实验过程中，要始终注意添加的调制解调模块的输入和输出数据类型应与其前后模块对应接线端的数据类型相匹配。

实验报告

学生姓名		学号		指导教师	
实验名称	数字调制解调实验Ⅱ				
实验任务	完成 top_tx、top_rx 两个主程序的编写，并添加 QPSK 调制解调模块。				
实验平台搭建	（注：请用简图示意本实验中硬件的连接方式。）				
程序设计	（注：请附实验任务中的各程序的框图，并简述设计思路。）				
遇到的问题与解决办法					
实验结果与分析					
实验扩展	（1）发送端与接收端 USRP 各项参数的配置分别有什么意义？参数配置对程序运行结果有什么影响？结合对应的通信原理给出相应的解释。 （2）本实验中用到的调制方式是 QPSK，如果改变调制方式会对结果产生什么影响？				
心得体会					

5.6　信道编码实验（分组码）

5.6.1　实验目标

本实验要求完成一个 LabVIEW 程序，对选择的 JPEG 格式图像文件完成（7，4）线性分组码的编解码。本实验有助于加深学生对信道编码的理解与认识，通过比较有、无信道编码模块的系统误比特率曲线，学生可以清晰地认识到信道编码技术对提高系统传输可靠性的重要意义。

5.6.2　实验环境与准备

（1）软件环境：LabVIEW 2012（或以上版本）。
（2）硬件环境：一台计算机。
（3）实验基础：预习 LabVIEW 的基本编程环境。
（4）知识基础：预习并理解（7，4）线性分组码的基本原理。

5.6.3　实验介绍

本实验主程序前面板如图 5–33 所示，该图的左、右两边为相互独立的两部分：左边为图像处理模块的参数输入和结果输出，右边为误比特率曲线的参数输入和结果输出。

本实验的主程序包含上、下两个独立的部分，上部程序的信源为 JPEG 格式的图像，下部程序的信源为随机序列，它由 LabVIEW 提供的随机比特发生器产生。上、下两部分的功能模块一样，因此这里以上部程序为例具体介绍上部程序包含的 8 个模块的功能。

图 5–33　信道编码实验（分组码）主程序前面板

1. 图像读取

上部程序的信源是 JPEG 格式的图像，首先可采用 LabVIEW 提供的能够读取 JPEG 格式图像并输出图像数据的模块完成图像信息的提取，然后利用还原像素图子程序完成从图像数据到二进制一维数组的转换（图像数据→十进制二维数组→二进制一维数组），最后输出信源比特流。

2. 信道编码

信道编码的方法有很多，如线性分组码、卷积码、Turbo 码、LDPC 码等，这里采用简单的（7,4）线性分组码。

线性分组码是一类重要的纠错码。在 (n, k) 线性分组码中，常用的是能纠正一位错误的汉明码，其主要参数如下：

（1）码长：$n = 2^m - 1$；

（2）信息位：$k = 2^m - 1 - m$；

（3）校验位：$m = n - k$；

（4）最小汉明距离：$d = 3$；

（5）纠错能力：$t = 1$。

本实验采用的（7,4）线性分组码属于系统码，其前四位为信息位，后三位为冗余位。

3. BPSK 调制

对于通过前两步得到的二进制信源比特流，需要采用一定的调制方案将其映射成适合信道传输的符号。这里可采用较为简单的 BPSK 调制：将信息 0 映射为（1, 0），将信息 1 映射为（-1, 0）。BPSK 调制星座图如图 5-34 所示。

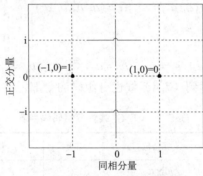

图 5-34　BPSK 调制星座图

4. 添加高斯白噪声

根据给定的信噪比（单位 dB）、信号功率和码率，可计算高斯白噪声的功率谱密度，并生成与信号数组相同长度的高斯白噪声数组，然后将其叠加到信号上，就可以模拟信号经过加性高斯白噪声信道的情况。在本模块中需要设定信噪比。

5. BPSK 解调

接收端一侧首先要进行 BPSK 解调。需要注意的是，接收端要想进行 BPSK 解调，必须明确发送端进行 BPSK 调制时所采用的映射方式。

6. 信道解码

上一模块完成后可得到二进制数组，本模块根据（7,4）线性分组码的生成矩阵得到其校验矩阵，并完成（7,4）线性分组码的解码，得到恢复的信息流。

7. 重建图像

本模块的作用是将上一模块得到的信息流转换成二维的数组，并使用绘制还原像素图子程序重建图像。

8. 误比特率计算

本模块的作用是比较解码数据和原始数据，统计错误比特数，最后计算出误比特率。

5.6.4 实验任务

本实验的任务是完成 encode_74 和 decode_74 这两个子程序的编写，完成实验后，须提交上述子程序和实验报告。

1. encode_74 子程序

利用 encode_74 子程序可完成（7，4）线性分组码的编码。令（7，4）线性分组码生成矩阵

$$G = \begin{bmatrix} 1 & 0 & 0 & 0 & 1 & 1 & 1 \\ 0 & 1 & 0 & 0 & 1 & 1 & 0 \\ 0 & 0 & 1 & 0 & 1 & 0 & 1 \\ 0 & 0 & 0 & 1 & 0 & 1 & 1 \end{bmatrix} \quad (5\text{–}15)$$

输出码字计算方式如下：

$$b = (b_6, b_5, b_4, b_3, b_2, b_1, b_0) = (a_3, a_2, a_1, a_0)G = (a_3, a_2, a_1, a_0)\begin{bmatrix} 1 & 0 & 0 & 0 & 1 & 1 & 1 \\ 0 & 1 & 0 & 0 & 1 & 1 & 0 \\ 0 & 0 & 1 & 0 & 1 & 0 & 1 \\ 0 & 0 & 0 & 1 & 0 & 1 & 1 \end{bmatrix} \quad (5\text{–}16)$$

则可得到信息位 $b_3 = a_0$、$b_4 = a_1$、$b_5 = a_2$、$b_6 = a_3$，冗余位 $b_0 = a_3 \oplus a_1 \oplus a_0$、$b_1 = a_3 \oplus a_2 \oplus a_0$、$b_2 = a_3 \oplus a_2 \oplus a_1$。因此可以得到（7，4）线性分组码的全部码字，见表 5–1。

表 5–1 （7，4）线性分组码码字表

序号	信息位	冗余位	序号	信息位	冗余位
0	0000	000	8	1000	111
1	0001	011	9	1001	100
2	0010	101	10	1010	010
3	0011	110	11	1011	001
4	0100	110	12	1100	001
5	0101	101	13	1101	010
6	0110	011	14	1110	100
7	0111	000	15	1111	111

2. decode_74 子程序

（7，4）线性分组码的解码可将输入长度为 7 位的码字翻译成 4 位的信息码，并且可纠正其中可能出现的一位错误。

由于生成矩阵 G 已知，且 $G = [I_k, Q]$，据此可以得到矩阵 Q 为

$$Q = \begin{bmatrix} 1 & 1 & 1 \\ 1 & 1 & 0 \\ 1 & 0 & 1 \\ 0 & 1 & 1 \end{bmatrix} \tag{5-17}$$

又因为 $P^{\mathrm{T}} = Q$，于是 $P = Q^{\mathrm{T}}$，则

$$P = \begin{bmatrix} 1 & 1 & 1 & 0 \\ 1 & 1 & 0 & 1 \\ 1 & 0 & 1 & 1 \end{bmatrix} \tag{5-18}$$

而校验矩阵 H 满足 $H = [P, I_{n-k}]$，则

$$H = \begin{bmatrix} 1 & 1 & 1 & 0 & 1 & 0 & 0 \\ 1 & 1 & 0 & 1 & 0 & 1 & 0 \\ 1 & 0 & 1 & 1 & 0 & 0 & 1 \end{bmatrix} \tag{5-19}$$

发送端向信道发送码长为 7 位的码字序列 $b = (b_6, b_5, b_4, b_3, b_2, b_1, b_0)$，由于传输差错，在接收端接收码组记作 $B = (B_6, B_5, B_4, B_3, B_2, B_1, B_0)$，由式（5-16）和式（5-19）可知 $bH^{\mathrm{T}} = aGH^{\mathrm{T}} = a0 = 0$，其中 0 为零矩阵。由式 $S = BH^{\mathrm{T}} = (b + E)H^{\mathrm{T}} = EH^{\mathrm{T}}$ 可以看出校正子 S 与错误图样 E 是对应的，如表 5-2 所示。通过计算校正子可得到对应的错误图样，然后根据式 $b = B \oplus E$ 便可得到纠正了一位可能错误的信息码，从而完成解码。

表 5-2　（7，4）线性分组码纠错码表

校正子（S_2　S_1　S_0）	错误图样	错码位置	校正子（S_2　S_1　S_0）	错误图样	错码位置
0　0　1	0000001	B_0	1　0　1	0010000	B_4
0　1　0	0000010	B_1	1　1　0	0100000	B_5
1　0　0	0000100	B_2	1　1　1	1000000	B_6
0　1　1	0001000	B_3	0　0　0	0000000	无错

在完成 encode_74 和 decode_74 这两个子程序后，运行 test 子程序，若输入和输出比特一样，则说明编解码模块正确。

完成上述两个子程序的编写后，在主程序前面板左侧设置相应参数，观察原始图像和处理后的图像的差异。此时需完成以下设置：选择有噪信道或无噪信道、设置信噪比（选择有噪信道时）、选择是否启动信道编码模块，并根据选择的图像设置图像放大倍数以便于观察。在图像处理阶段，显示框内会显示目前程序所进行的工作。

在主程序前面板右侧设置相应参数，观察有、无编码模块的系统误比特率曲线有何不同。需要设置的参数为误比特率曲线的横坐标，即系统的信噪比。若在"是否计算误比特率曲线"处选择"是"，则会进行误比特率曲线的计算。此外，在该前面板还可以观察到目前正在计算的误比特率曲线上点的序号，以便于了解计算进程。

比较有、无编码模块时的系统误比特率曲线，观察并分析不同之处，最后完成实验报告。

实验报告

学生姓名		学号		指导教师	
实验名称	信道编码实验（分组码）				
实验任务	完成 encode_74、decode_74 这两个子程序				
程序设计	（注：请附实验任务中的各程序的框图，并简述设计思路。）				
遇到的问题与解决办法					
实验结果与分析					
实验扩展	完成（7,4）线性分组码的删减码——（6,3）线性分组码的编解码，该（6,3）线性分组码的生成矩阵为 $\begin{pmatrix} 1\,0\,0\,1\,1\,1 \\ 0\,1\,0\,1\,1\,0 \\ 0\,0\,1\,0\,1\,1 \end{pmatrix}$。				
心得体会					

第 6 章 高级实验

6.1 信道编码实验（卷积码）

6.1.1 实验目标

本实验要求完成一个 LabVIEW 程序，对选择的 JPEG 图像文件完成（2, 1, 5）卷积码的编解码。该实验有助于学生加深对信道编码的理解与认识，通过比较有、无信道编码模块的系统误比特率曲线，学生将更加清晰地认识到信道编码技术对提高系统传输可靠性的重要意义。

6.1.2 实验环境与准备

（1）软件环境：LabVIEW 2012（或以上版本）。
（2）硬件环境：一台计算机。
（3）实验基础：熟悉 LabVIEW 的基本编程环境。
（4）知识基础：预习并理解（2, 1, 5）卷积码的基本原理。

6.1.3 实验介绍

本实验主程序前面板如图 6-1 所示，该图的左边为图像处理模块的参数输入和结果输出，右边为误比特率曲线的参数输入和结果输出。

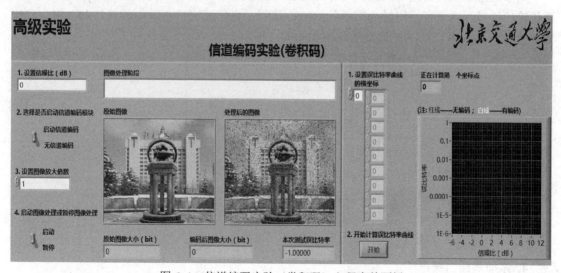

图 6-1　信道编码实验（卷积码）主程序前面板

本实验的主程序包含上、下两个独立的部分，上部程序的信源为 JPEG 格式的图像，下部程序的信源为随机序列，它由 LabVIEW 提供的随机比特发生器产生。上、下两部分的功能一样，因此这里以上部程序为例具体介绍上部程序包含的 8 个模块的功能。

1. 图像读取

上部程序的信源为 JPEG 格式的图像，首先可采用 LabVIEW 提供的能够读取 JPEG 格式图像并输出图像数据的模块完成图像信息的提取，然后利用还原像素图子程序完成从图像数据到二进制一维数组的转换（图像数据→十进制二维数组→二进制一维数组），最后输出信源比特流。

2. 信道编码

下一个任务是对信源比特流进行信道编码。信道编码的方法有很多，包括线性分组码、卷积码、Turbo 码等，这里采用 GSM 协议中的（2, 1, 5）卷积码，编码器结构如图 6-2 所示。

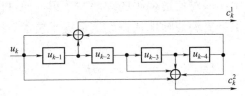

图 6-2 （2, 1, 5）卷积码编码器结构

卷积码是一种性能优越的前向纠错码，它的编解码相对简单，但纠错能力很强。在 (n, k, K) 卷积码中，n 为编码器单次输出的编码比特数，k 为编码器单次输入的信息比特数，K 为编码约束长度，并设 $m=K-1$ 为编码器中寄存器个数。在卷积码中，编码器单次输出的 n 个编码比特不仅与该次输入的 k 个信息比特有关，还与编码器中寄存器组当前的状态有关。

3. BPSK 调制

对于通过前两步得到的二进制信源比特流，需要采用一定的调制方案将其映射成适合信道传输的符号。这里可采用较为简单的 BPSK 调制：将信源比特 0 映射为 $(1, 0)$，将信源比特 1 映射为 $(-1, 0)$。BPSK 调制星座图如图 6-3 所示。

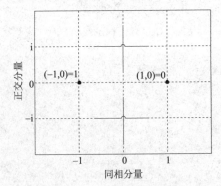

图 6-3 BPSK 调制星座图

4. 添加高斯白噪声

根据给定的信噪比（单位 dB）、信号功率和码率，可计算高斯白噪声的功率谱密度，并

生成和信号数组相同长度的高斯白噪声数组，然后将其叠加到信号上，就可以模拟出信号经过加性高斯白噪声信道的情况。在本模块中需要设定信噪比。

5. BPSK 解调

接收端一侧首先要进行 BPSK 解调。需要注意的是，接收端要想进行 BPSK 解调，必须明确发送端进行 BPSK 调制时所采用的映射方式。

6. 信道解码

本模块根据维特比（Viterbi）硬判决解码算法对上一步 BPSK 解调得到的数据流进行解码，并恢复信息流。

7. 重建图像

本模块的作用是将上一步得到的信息流转换成二维的数组，并使用绘制还原像素图子程序重建图像。

8. 误比特率计算

本模块的作用是比较解码数据和原始数据，统计错误的比特数，最后计算出误比特率。

6.1.4　实验任务

本实验的任务是完成 Student_encode_215 和 Student_decode_215 这两个子程序的编写。完成实验后，须提交上述子程序，并完成实验报告。

1. Student_encode_215 子程序

Student_encode_215 子程序可完成 $(2, 1, 5)$ 卷积码的编码，下面提供两种实现方式。

1）冲激响应法

通信系统本身的特性可以由冲激响应表示，将冲激响应和输入信号进行卷积运算所获得的结果便表示该输入信号经过该通信系统的输出信号。这里可以将 $(2, 1, 5)$ 卷积编码器看成是两个并行系统，由图 6-2 所示结构可知，其冲激响应分别为

$$g^1 = (1, 1, 0, 0, 1) \tag{6-1}$$

$$g^2 = (1, 0, 1, 1, 1) \tag{6-2}$$

则相应编码方程为

$$c^1 = u * g^1 \tag{6-3}$$

$$c^2 = u * g^2 \tag{6-4}$$

其中，u 为输入信息序列，"$*$" 为卷积运算。令 $c^1 = (c_1^1, c_2^1, c_3^1, \cdots)$、$c^2 = (c_1^2, c_2^2, c_3^2, \cdots)$ 为编码器输出。

注意：编码输出为 0/1 序列，因此需将运算结果转化到二元域。

2）迭代法

令输入信息序列 $u = (u_0, u_1, u_2, \cdots)$，则此时的编码器输出为

$$c_k^1 = u_k \oplus u_{k-1} \oplus u_{k-4} \tag{6-5}$$

$$c_k^2 = u_k \oplus u_{k-2} \oplus u_{k-3} \oplus u_{k-4} \tag{6-6}$$

其中，u_k 为 k 时刻编码器输入。根据上式便可逐次得到编码比特，从而获得编码序列。需要注意的是，在实际编码中，一般在输入信息序列 u 后添加 $k-1$ 个 0（尾比特）。

验证：输入信息序列 *u*=（10101），若输出编码序列为 *c*=（1110101101111100111），如图 6-4 所示，则编码程序正确，否则编码程序错误。

图 6-4　Student_encode_215 子程序验证

2. Student_decode_215 子程序

本实验采用维特比（Viterbi）硬判决解码算法，其基本原理为将接收编码序列与所有可能的编码序列进行比较，选择与接收编码序列汉明距离最小的作为解码输出，一般可用网格图描述该解码过程。网格图的纵坐标为编码器中寄存器组的所有状态，横坐标为时间，网格图能展示编码过程中编码器各个时刻的输入、输出及寄存器组的状态。

Viterbi 解码[12]包括以下四步。

（1）计算分支度量：分别计算 k 时刻各个寄存器组状态（$u_{k-1}u_{k-2}u_{k-3}u_{k-4}$）下可能的编码输出 $c_k^1 c_k^2$（分别对应于编码输入 $u_k=0/1$）与接收编码序列 $c_k'^1 c_k'^2$ 的分支度量汉明距离 d_k'。

（2）计算累积度量：计算各路径 $k+1$ 时刻累积度量 d_{k+1}，其中 $d_{k+1}=d_k+d_k'$，d_k 为 k 时刻该路径所处状态度量值，且 $d_0=0$。

（3）更新状态度量：将汇聚到同一个状态的两条路径的累积度量值 d_{k+1}^1 和 d_{k+1}^2 进行比较，选择似然度较大的度量值（较小汉明距离）作为 $k+1$ 时刻该状态的度量 d_{k+1}，并存储对应的路径（幸存路径）。

（4）输出判决：在编码序列全部接收后，由幸存路径信息得到解码输出 *u'*。

验证：输入编码序列 *c*=（1110101101111100111），若输出解码序列为 *u'*=（10101），如图 6-5 所示，则解码程序正确，否则解码程序错误。

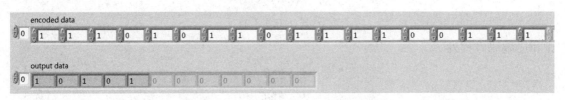

图 6-5　Student_decode_215 子程序验证

完成上述 2 个子程序的编写后，运行 test 子程序，在 encoded data 栏输入图 6-6 所示数据，以测试（2, 1, 5）卷积码的纠错性能。

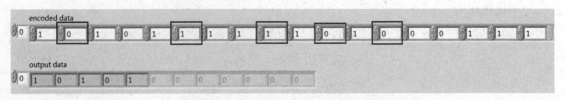

图 6-6　（2, 1, 5）卷积码纠错性能验证

在主程序前面板左侧设置相应参数，观察原始图像和处理后的图像的差异。此时需要完

成以下设置：信噪比、选择是否启动信道编码模块，并根据选择的图像设置图像放大倍数以便于观察。在图像处理阶段，显示方框内会显示目前程序所进行的工作。

在主程序前面板右侧设置相应参数，观察有、无信道编码模块的误比特率曲线有何不同。需要设置的参数为误比特率曲线的横坐标，即系统的信噪比。单击【开始】按钮，程序即开始进行误比特率曲线的计算。此外，该前面板上还可以观察到目前正在计算的误比特率曲线上点的序号，以便于了解计算进程。

比较有、无信道编码模块时系统的误比特率曲线，观察并分析不同之处，最后完成实验报告。

实验报告

学生姓名		学号		指导教师	
实验名称	信道编码实验（卷积码）				
实验任务	完成 Student_encode_215 和 Student_decode_215 这两个子程序的编写				
程序设计	（注：请附实验任务中的各程序的框图，并简述设计思路。）				
遇到的问题与解决办法					
实验结果与分析					
实验扩展	比较码率均为 0.5 的（2，1，5）卷积码和（6，3）线性分组码的性能。				
心得体会					

6.2 分集实验

6.2.1 实验目标

本实验要求完成 3 个 LabVIEW 程序，分别采用不同合并算法实现分集接收功能。本实验有助于学生加深对分集技术的理解，掌握选择式合并（selection combining，SEL）、等增益合并（equal gain combining，EGC）、最大比值合并（maximal ratio combining，MRC）这 3 种分集合并算法的实现方法。

6.2.2 实验环境与准备

（1）软件环境：LabVIEW 2012（或以上版本）。
（2）硬件环境：3 套 USRP、2 台计算机和 1 根 MIMO 线。
（3）实验基础：熟悉 LabVIEW 编程环境和 USRP 的基本操作。
（4）知识基础：预习并理解选择式合并、等增益合并和最大比值合并的基本原理。

6.2.3 实验介绍

在空间分集中，常用的信号合并方法有：选择式合并、等增益合并和最大比值合并，这 3 种方法都可以获得一定的分集增益。

本实验包含 3 个独立的小实验，学生需要完成 3 组收发信机，分别实现这 3 种合并方式的空间分集。每组实验包含发送和接收两部分，其中发送程序和一套 USRP 构成发射机，接收程序和两套 USRP 构成分集接收机。

1. 选择式合并

打开分集实验 SEL 发送端主程序，其前面板如图 6-7 所示。本实验发送端主程序包含 5 个模块，各模块功能分别如下所述。

1）USRP 初始化

本模块包括 niUSRP Open TX Session 和 niUSRP Configure Signal 这两个子程序，主要用来实现 USRP 的初始化及 USRP 参数的配置。

2）生成参数

本模块包括子程序 MT Generate System Parameters，用来生成调制所需的参数。

3）基带调制

本模块包括子程序 mod_Continuous BB-PSK generation，它是发送端主程序的核心，用来实现基带信号调制，主要包括 PN 序列的生成、脉冲成形滤波器参数的计算、PSK 调制与脉冲成形的实现，最终输出的是已调信号的基带波形。

4）生成星座图

本模块包括子程序 MT Format Constellation，用来实现信号星座图的显示。

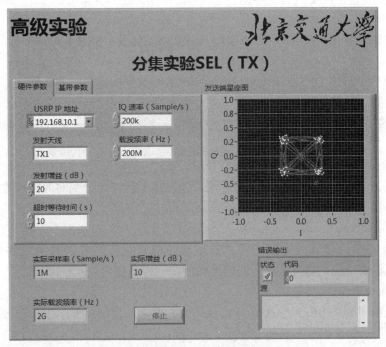

图 6-7　分集实验 SEL 发送端主程序前面板

5）关闭 USRP

本模块将调制信号送入 USRP，实现射频发射。

打开分集实验 SEL 接收端主程序，其前面板如图 6-8 所示。

接收程序实现解调、选择式合并、重采样、载波同步、符号同步、帧同步和误比特率计算等功能，下面具体介绍各个模块的功能。注意，传输数据包由 255 个符号组成（信源是长度为 255 的 PN 序列）。

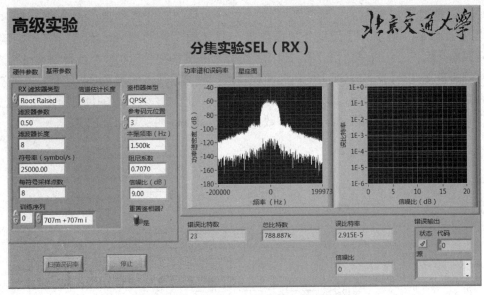

图 6-8　分集实验 SEL 接收端主程序前面板

1）USRP 初始化

本模块包括子程序 INT RX，用来实现 USRP 初始化及 USRP 参数的配置。

2）QPSK 解调

本模块包括子程序 QPSK demod，用来实现信号数据的解调，其主要功能包括生成解调使用的系统参数、计算匹配滤波器参数，并分别对两路接收信号进行重采样、QPSK 解调与匹配滤波，最终分别输出两路接收信号的星座图。子程序 frequency spectrum 生成信号的基带功率谱。

3）添加高斯白噪声

本模块包括子程序 AWGN and resample，通过该子程序可分别对两路接收信号进行重采样、添加高斯白噪声。

4）自动增益控制

自动增益控制是使放大电路的增益自动地随信号强度进行调整的控制方法。子程序 157AGC 可实现该功能，它可让信号的幅度保持在一定范围内。

5）选择式合并

本模块包括子程序 SEL，它是选择式合并的关键，该模块需要学生自己来完成。比较两路信号的接收信号强度指示（received signal strength indication，RSSI），选择瞬时功率大的一路作为输出信号。学生须根据选择式合并原理通过连接函数来实现相应逻辑，最终完成本模块。

6）载波同步

锁相环（phase locked loop，PLL）是一种反馈控制电路，常用于载波同步，其特点是可利用外部输入的参考信号控制环路内部振荡信号的频率和相位。锁相环是一个闭环的自动控制系统，本地振荡器的频率会随着鉴相器、环路滤波器、压控振荡器的处理而不断接近载波频率。由于相位是频率的积分，当本地信号与实际信号的相位差值稳定时就实现了载波同步。子程序 157PLL 可实现这一功能。

7）符号同步

早迟门是符号同步中的一种常用算法，它分为早门积分器与迟门积分器。早迟门原理示意图如图 6-9 所示。早门积分器提前半个码元周期开始积分，而迟门积分器延迟半个码元周期开始积分。将早门积分器与迟门积分器所积分的积分值相减，就得到了误差信号。误差信号的意义是早门积分器所占的码元面积与迟门积分器所占的码元面积之差。当误差信号的值为 0，即早门积分器与迟门积分器所占的码元面积相等时，其中点的位置即为最佳采样点。子程序 generate filter 可生成匹配滤波器参数，子程序 slicer1 可实现早迟门算法。

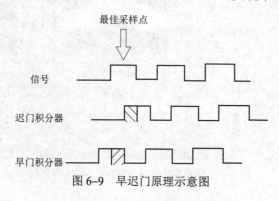

图 6-9　早迟门原理示意图

8）帧同步

帧同步是指接收端从收到的比特流中准确地区分帧的起始与终止，此时可通过互相关算法来确定帧的起始位置。互相关算法的原理是，根据已知码型的各码元找出各时刻各码元对应的相关值的最大值，该时刻即为出现帧同步码的第一个码元。子程序 PN SeqGen 可生成 PN 序列，从而实现升采样、滤波。子程序 PN SelfSynch 可实现基于互相关算法的帧同步。

9）误比特率计算

将已知的发送 PN 序列与接收到的比特序列进行比较，如果二者存在不同之处，说明出现错误。计算错误比特数占总比特数的百分数，从而得出误比特率。子程序 Ber detected 可实现误比特率的计算。

10）关闭 USRP

本模块的作用是关闭 USRP 会话。

2. 等增益合并与最大比值合并

等增益合并与最大比值合并的发送端和选择式合并类似，这里就不再赘述。

打开分集实验 EGC 接收端主程序或分集实验 MRC 接收端主程序，它们的前面板与分集实验 SEL 接收端主程序的前面板类似。分集实验 MRC 接收端主程序前面板如图 6-10 所示。

接收端主程序具有自动控制增益、符号同步、帧同步、相位校正、信道估计、等增益合并（或最大比值合并）和误比特率计算等功能。下面将具体介绍各个模块的功能。注意，发送数据由 299 个符号组成，包括 44 个符号的训练序列和 255 个符号的数据部分。

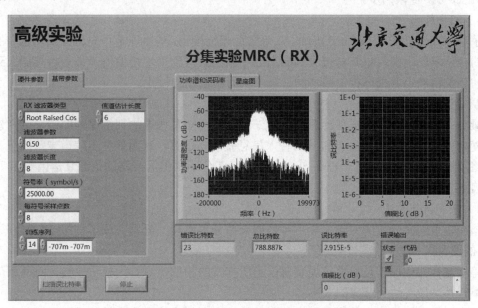

图 6-10　分集实验 MRC 接收端主程序前面板

1）USRP 初始化

本模块包括子程序 INT RX，它可实现 USRP 初始化及 USRP 参数的配置。

2）QPSK 解调

本模块包括子程序 QPSK demod，它可实现接收信号的解调，其主要功能包括生成解调使用的系统参数、计算匹配滤波器参数，并分别对两路接收信号进行重采样、QPSK 解调与匹配滤波，最终分别输出两路接收信号的星座图。子程序 frequency spectrum 可生成信号的基带功率谱。

3）添加高斯白噪声

通过子程序 AWGN and resample 分别对两路接收信号进行重采样、添加高斯白噪声。

4）自动增益控制

自动增益控制是使放大电路的增益自动地随信号强度进行调整的控制方法。子程序 157AGC 具有该功能，它可以使信号的幅度保持在一定范围内。

5）匹配滤波、符号同步和帧同步

接收到的信号受到衰落的影响，信号形状可能会发生变化，此时需要进行相关的处理使信号转化为符合要求的形状波形再输出。子程序 sub Matched Filter 可实现对信号的匹配滤波。

符号同步是寻找最佳采样点的过程，过采样因子将数据分为 N 组，取其中功率和最大的一组作为最佳采样点，然后对数据进行降采样。子程序 symbol sync 可实现符号同步。

SCA 算法（schmidl and cox algorithm）是帧同步常用的算法之一。其原理是首先以半个训练序列的长度为偏移量，将接收序列与延迟后的序列做互相关，求出功率从而得出功率相关峰值；然后将功率相关峰值与自身功率值进行比较，当功率比值为 1 时，即功率相关峰值与自身功率值相等时，即可确定帧头的位置，从而提取信息比特。子程序 sub FrameSyncand FreqOffset 可实现帧同步。

6）相位校正

子程序 phase correction and database 可实现相位校正，其原理是首先将已知发送端的训练序列的相位取反，然后将其与接收到的训练序列相乘得到平均相偏值，最后将其加入到接收序列的相位信息中并去掉相位偏移的部分，从而实现相位校正。

7）信道估计

最小二乘法是众多信道估计算法中的一种。在已知发送端的训练序列的情况下，建立一个长度为 N 的训练序列矩阵，将其与输入信息做矩阵运算，从而估计出信道衰落因子。由于是两路信道，因此需要通过子程序 channel estimate 分别求出第一路的信道衰落因子 h_1 和第二路的信道衰落因子 h_2。

8）分集合并算法

该模块是合并分集的关键，学生可根据合并分集原理，分别完成子程序 EGC 和子程序 MRC 的编写。

等增益合并的原理是只将信道衰落因子所携带的相位信息作为权重系数，对两路信号进行分集合并，最终达到分集的效果。

最大比值合并的原理是将信道衰落因子的幅度和相位信息作为权重系数，对两路信号进行分集合并，最终达到分集的效果。

9）误比特率计算

将已知的发送 PN 序列与接收到的比特序列进行比较，如果结果不相同，则说明出现错误。计算错误比特数占总比特数的百分数，从而得出误比特率。子程序 Ber detected 可实现该功能。

10）关闭 USRP

本模块的作用是关闭 USRP 会话。

6.2.4　实验任务

本实验要求完成 SEL、EGC 和 MRC 这 3 个子程序的编写。由于这 3 个子程序分别对应各自的发送端和接收端程序，因此需要分 3 次完成实验调试。对于每次实验，均需要在一台电脑上运行发送端主程序，然后在另一台电脑上运行对应的接收端主程序。完成实验后，请提交上述子程序，并完成实验报告。

1. 选择式合并

比较 N 个接收机并按照一定的逻辑选择输出，这里采用的选择变量为接收信号强度指示（RSSI）。如果某一路比其他路的 RSSI 大，就选择这一路输出。选择式合并原理图如图 6-11 所示，其优点是实现较为简单。

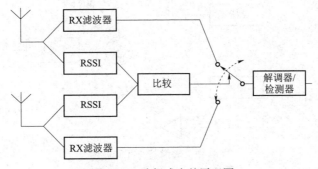

图 6-11　选择式合并原理图

完成子程序 SEL 后，可进行 USRP 的连接与参数配置。将一台电脑与一套 USRP 相连，在电脑中打开分集实验 SEL 发送端，并配置发送端前面板参数。

（1）IQ 速率：默认设定为 400 kHz，接收端须与此处设置相同。

（2）载波频率：默认设定为 915 MHz，接收端须与此处设置相同。

（3）天线增益：天线增益最大可允许达到 30。

（4）PN 序列的阶数：将 PN 序列阶数设定为 8，接收端须与此处设置相同。

（5）每符号采样点数：一般取 8 倍过采样，即设定为 8。

（6）滤波器参数：滤波器类型默认选择为根升余弦滤波器，滤波器参数（滚降因子）设为 0.5，滤波器长度设为 8。

分集实验 EGC 发送端、分集实验 MRC 发送端与分集实验 SEL 发送端前面板设置的参数一样，可参考以上参数配置，此处不再赘述。

本次实验须配置两路接收机（N=2）。打开分集实验 SEL 接收端主程序，通过一台计算机和两套 USRP 来接收两路信号。连接方式为：一台电脑与一套 USRP 通过网线相连，两套 USRP 间通过 MIMO 线相连。为保证正确接收，须正确设置接收端前面板参数。

（1）符号率：须与发送端设定速率一致，其值为 IQ 速率/每符号采样点数。

（2）鉴相器类型：默认选择为 QPSK（CostasLoop）。

（3）参考码元位置：用作早迟门判决，默认选择为 3。

（4）本振频率：锁相环振荡器的起始频率，默认设为 1.5 kHz。

（5）阻尼系数：锁相环振荡器相关参数，默认设为 0.707。

（6）信噪比：用户可以通过调节此输入控件控制添加的白噪声的强度并观察不同信噪比下的误比特率。

（7）接收天线：分别设定接收两路信号所使用的天线，默认为 RX1。

运行并调试发送端和接收端程序，实现 SEL 合并分集，观察并记录前面板显示图形与数据并进行必要的分析。

2. 等增益合并

等增益合并也被称为相位均衡，即只对接收信号的相位偏移进行校正，而不对其幅度做任何处理。等增益合并原理图如图 6–12 所示。

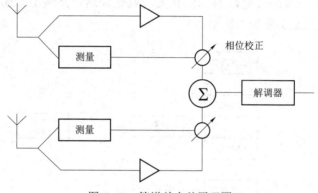

图 6–12　等增益合并原理图

完成子程序 EGC 后，可进行 USRP 的连接与参数配置。分集实验 EGC 发送端的连接与配置可参考分集实验 SEL 发送端。

分集实验 EGC 接收端与分集实验 MRC 接收端的前面板设置类似，此处只说明分集实验 EGC 接收端前面板的设置。打开分集实验 EGC 接收端主程序，通过一台计算机和两套 USRP 来接收两路信号。为保证正确接收，需要正确设置前面板参数。

（1）滤波器参数：滤波器类型默认选择为根升余弦滤波器，滤波器参数（滚降因子）设为 0.5，滤波器长度设为 8。

（2）每符号采样点数：一般取 8 倍过采样，即设定为 8。

（3）训练序列：发送端的训练序列一般为已知，用于帧同步和信道估计，默认设定为 44 个符号，均为 ±0.707±0.707i 的形式，前一半与后一半的训练序列幅度值和相位相同。

（4）IQ 速率：须与发送端设置相同，默认设定为 400 kHz。

（5）载波频率：须与发送端设置相同，默认设定为 915 MHz。

（6）天线增益：最大可允许达到 30。

（7）信噪比：用户可以通过调节此控件控制添加的白噪声的强度，并观察不同信噪比下的误比特率。目前，该控件在前面板隐藏，可从程序框图界面进入。

运行并调试发送端和接收端程序，实现 EGC 合并分集，观察、记录前面板显示图形与数据并进行必要的分析。

3. 最大比值合并

将 N 个接收机接收到的信号经过相位偏移校正后,再按照相应的幅值给予适当的增益系数,最后将同相信号相加。由于同时考虑了幅值与相位,所以上述过程实现起来会相对较为复杂。最大比值合并原理图如图 6–13 所示。

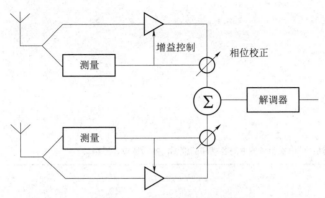

图 6–13 最大比值合并原理图

完成子程序 MRC 后,可进行 USRP 的连接与参数配置。分集实验 MRC 发送端的连接与配置可参考分集实验 SEL 发送端。打开分集实验 MRC 接收端主程序,通过一台计算机和两套 USRP 来接收两路信号。为保证正确接收,分集实验 MRC 接收端主程序前面板参数的设置和分集实验 EGC 接收端主程序前面板参数应保持一致。

运行并调试发送端和接收端程序,实现 MRC 合并分集,观察、记录前面板显示图形与数据并进行必要的分析。

分别完成 SEL、EGC、MRC 这三个分集合并,观察实验现象并完成实验报告。需要注意的是,接收端和发送端共同的参数设定需要保持一致,如 IQ 速率、载波频率、符号率等。

实验报告

学生姓名		学号		指导教师	
实验名称	分集实验				
实验任务	分别完成 SEL、EGC、MRC 这三个分集合并,并观察实验现象。				
实验平台搭建	(注:请用简图示意本实验中硬件的连接方式。)				

程序设计	
	（注：请附实验任务中的各程序的框图，并简述设计思路。）
遇到的问题与解决办法	
实验结果与分析	
实验扩展	（1）针对 3 种不同的分集合并技术，画出误比特率曲线。分析在信噪比相同的条件下，这 3 种分集合并技术的性能差异。 （2）在本设计中，选择式合并方法是基于 RSSI 来进行选择的。根据无线通信基础知识，试基于选择两路接收信号中误比特率小的一路信号作为输出的方式进行合并，并比较这两种选择式合并方法的性能。 （3）分集是抗多径的有效技术之一。请查询资料并结合所学知识，列举出常用的抗多径技术，总结原理并对比分析不同技术的性能。
心得体会	

6.3　均衡实验

6.3.1　实验目标

本实验要求在 LabVIEW 软件平台上利用最小均方误差准则设计一种线性均衡器，并通过 USRP 硬件平台检验所设计的均衡器的实现效果。本实验可有助于学生更好地体会信道均衡的基本思想。

6.3.2　实验环境与准备

（1）软件环境：LabVIEW 2012（或以上版本）。

（2）硬件环境：一套 USRP 和一台计算机。

（3）实验基础：熟悉 LabVIEW 编程环境和 USRP 的基本操作。

（4）知识基础：预习并理解信道均衡的基本原理。

6.3.3　实验介绍

在无线通信中，信号从发送端到达接收端经过的路径可能有许多条，而各路径具有不同的传输时延，这就是所谓的无线信道的时延色散。时延色散会使到达接收端的信号产生错位叠加，即符号间干扰（inter symbol interference，ISI），这将严重影响信号传输质量。为了减少由于时延色散而产生的符号间干扰对系统性能的影响，信道均衡技术应运而生。

本实验包含发送和接收两部分，其主程序前面板分别如图 6–14 和图 6–15 所示。前面板左侧的选项卡控件可以配置各项参数。其中，在【硬件参数】选项卡中，可以为 USRP 配置参数，在【调制参数】选项卡中，可以配置基带处理相关参数，在发送端和接收端这两部分

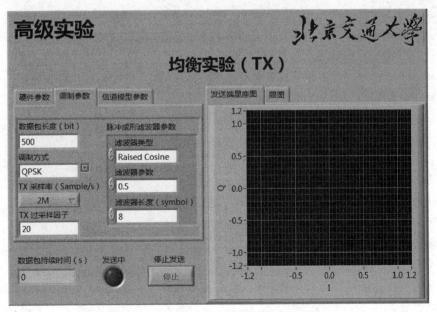

图 6–14　均衡实验发送端主程序前面板

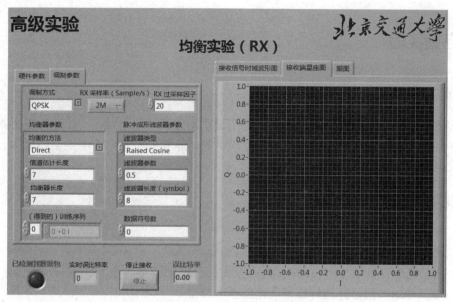

图 6-15　均衡实验接收端主程序前面板

参数应一一匹配。发送端主程序前面板上的【信道模型参数】选项卡用于设置所添加的信道的参数。

发送端主程序和接收端主程序均由两个部分组成，即 USRP 控制部分和基带处理部分。

1. 发送端主程序

发送端主程序主要由以下功能模块组成，其中，1）、3）、4）为 USRP 控制部分，2）为基带处理部分。

1）USRP 初始化

TXinit 模块：主要完成 USRP 的配置。

2）TX

发送端主程序的基带处理部分主要是 TX 模块（transmitter 子程序），它是发送端的核心。打开该模块，可看到它由以下 5 个部分组成：

（1）source 子程序：产生信息比特流；

（2）MOD 子程序：将信息比特流调制成基带信号；

（3）add control 子程序：在数据包前添加训练序列；

（4）pulse shaping 子程序：完成基带信号的脉冲成形；

（5）TX apply channel 子程序：使基带信号经过设置的信道。

3）prep for transmit

本模块可将基带数据的幅值限制在区间［0，1］内。

4）TXsend

本模块控制 USRP 发送信号。

2. 接收端主程序

接收端主程序主要由以下功能模块组成，其中，1）、2）、3）、5）为 USRP 控制部分，4）为基带处理部分。

1）RXinit

本模块的作用是打开 USRP 会话，并获取训练序列。

2）RXconfig

本模块主要完成 USRP 的配置。

3）RXrecv

本模块可根据设置的接收门限，从接收信号中提取传输数据。

4）RX

接收端主程序的基带处理部分主要是 RX 模块（receiver 子程序），它是接收端的核心。打开该模块，可看到它包含 7 个功能模块，分别是：

（1）matched filter 子程序：对接收信号进行匹配滤波；

（2）synch 子程序：完成同步，包含符号同步、帧同步和载波同步；

（3）equalizer 子程序：完成信道的均衡，这部分由学生自己完成；

（4）strip control 子程序：从接收数据包中提取出承载传输信息的信号部分；

（5）decode 子程序：完成从信号到信息比特的映射；

（6）error detect 子程序：计算系统的误比特率。

5）RX close

本模块的作用是关闭 USRP 会话。

需要学生自己完成的均衡程序在接收端主程序中的路径示意图如图 6–16 所示，其中，equalizer_exp1_for_student 子程序可实现均衡。

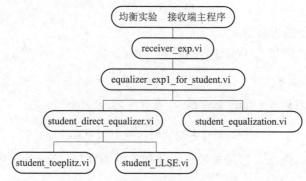

图 6–16　待编写均衡程序在接收端主程序中的路径示意图

经过多径传播而到达接收端的信号一般可表示为

$$z(t) = \int_{\tau} h_e(\tau) x(t - \tau) \mathrm{d}\tau \qquad (6–7)$$

其中，$h_e(\tau)$ 为基带频率选择性信道。调制与解调间的等价基带信道为

$$h(t) = \sqrt{E_x} \boldsymbol{h}_e(\tau) * \boldsymbol{g}_{tx}(t) * \boldsymbol{g}_{rx}(t) \qquad (6–8)$$

其中，$g_{tx}(t)$、$g_{rx}(t)$ 为匹配滤波器组。设 $h[n]$ 为数字基带等价信道，即 $h[n] = h(nT)$，T 为符号周期，则

$$
\begin{aligned}
y[n] &= \sum_m h[m] s[n - m] + v[n] \\
&= h[0] s[n] + \sum_{m \neq 0} h[m] s[n - m] + v[n] \qquad (m = 0, 1, \cdots, L)
\end{aligned} \qquad (6–9)
$$

111

其中，$\sum_{m \neq 0} h[m]s[n-m]$ 表示符号间干扰，当 $h(t)$ 为奈奎斯特脉冲时，该项为 0，即解调器输入信号无符号间干扰。

均衡器 $f(t)$ 满足 $\boldsymbol{h}_e(t) * \boldsymbol{f}(t) = \delta(t - t_d)$，即均衡器可补偿信道的影响，这可以使 $h(t) = \sqrt{E_x} \boldsymbol{h}_e(\tau) * \boldsymbol{g}_{tx}(t) * \boldsymbol{g}_{rx}(t) * \boldsymbol{f}(t)$ 保持奈奎斯特滤波器特征，从而消除符号间干扰。均衡器参数是由具体信道参数决定的，可以直接估计均衡器参数，也可以根据估计的信道参数间接估计均衡器参数。

6.3.4 实验任务

本实验要求完成 student_direct_equalizer 和 student_equalization 这两个子程序的编写，其中，student_direct_equalizer 包括 student_toeplitz 和 student_LLSE 两部分。完成实验后，请提交上述子程序和实验报告。

本实验中的信道估计和均衡器系数的确立都基于最小二乘法。最小二乘法是一种数学优化技术，它通过最小化误差的平方和来寻找数据的最佳匹配函数。本实验主要利用矩阵形式的最小二乘法。

$\boldsymbol{A}$ 是 $N \times M$ 的列满秩矩阵（$N > M$），$\boldsymbol{b}$ 是 $N \times 1$ 的列向量，$\boldsymbol{x}$ 是 $M \times 1$ 的列向量，有线性方程组

$$\boldsymbol{Ax} = \boldsymbol{b} \tag{6-10}$$

由于 $N > M$ 且矩阵 $\boldsymbol{A}$ 列满秩，则可能不存在满足约束条件的解，因此将满足

$$\min \|\boldsymbol{Ax} - \boldsymbol{b}\|^2 \tag{6-11}$$

的 $\boldsymbol{x}$ 作为该线性方程组的近似解。

由矩阵运算可知，满足式（6–11）的解为

$$\boldsymbol{x}_{\mathrm{LS}} = (\boldsymbol{A}^* \boldsymbol{A})^{-1} \boldsymbol{A}^* \boldsymbol{b} \tag{6-12}$$

其中，最小平方误差 $J(\boldsymbol{x}_{\mathrm{LS}}) = \min \|\boldsymbol{Ax} - \boldsymbol{b}\|^2$，可表示为

$$J(\boldsymbol{x}_{\mathrm{LS}}) = \|\boldsymbol{Ax}_{\mathrm{LS}} - \boldsymbol{b}\|^2 = \boldsymbol{b}^*(\boldsymbol{b} - \boldsymbol{Ax}_{\mathrm{LS}}) \tag{6-13}$$

该算法即为线性最小二乘法，它是处理过定问题的经典算法，$\boldsymbol{x}_{\mathrm{LS}}$ 为采用线性最小二乘法得到的近似解。

利用最小二乘法和接收训练序列可直接设计均衡器参数，得到直接最小二乘均衡器。

n_d 为均衡器的延迟参数，则经过均衡器后的接收信号可表示为

$$\hat{s}[n - n_d] = \sum_{l=0}^{L_f} f_{n_d}[l] y[n - l] \tag{6-14}$$

由于 $s[n] = t[n] \, (n = 0, \cdots, N_t - 1)$ 为训练序列，则 $\hat{s}[n - n_d] = t[n - n_d]$，$n = n_d, \cdots, n_d + N_t - 1$，式（6–14）可等价于：

$$t[n] = \sum_{l=0}^{L_f} f_{n_d}[l] y[n + n_d - l] \quad (n = 0, 1, \cdots, N_t - 1) \tag{6-15}$$

在式（6–15）中，训练序列 $\{t[0], t[1], \cdots, t[N_t - 1]\}$ 和接收信号 $\{y[0], y[1], \cdots\}$ 已知，均衡器参数 $\{f_{n_d}[0], f_{n_d}[1], \cdots, f_{n_d}[L_f]\}$ 为所求参量。为了克服噪声随机特性带来的影响，一般要求用来求解

均衡器参数的线性约束关系的个数大于均衡器待求参数的个数，即 $L_f \leqslant N_t - 1$。根据式（6–15）构建线性方程组

$$\underbrace{\begin{pmatrix} t[0] \\ t[1] \\ \vdots \\ t[N_t-1] \end{pmatrix}}_{t} = \underbrace{\begin{pmatrix} y[n_\mathrm{d}] & \cdots & y[n_\mathrm{d}-L_f] \\ y[n_\mathrm{d}+1] & & \vdots \\ \vdots & & \\ y[n_\mathrm{d}+N_t-1] & \cdots & y[n_\mathrm{d}+N_t-L_f-1] \end{pmatrix}}_{Y_{n_\mathrm{d}}} \underbrace{\begin{pmatrix} f_{n_\mathrm{d}}[0] \\ f_{n_\mathrm{d}}[1] \\ \vdots \\ f_{n_\mathrm{d}}[L_f] \end{pmatrix}}_{f_{n_\mathrm{d}}} \tag{6-16}$$

由于 $L_f \leqslant N_t - 1$ 且 Y_{n_d} 由受噪声干扰的接收信号组成，则 Y_{n_d} 为列满秩矩阵。根据最小二乘法可得到平方估计误差最小的均衡器参数：

$$\hat{f}_{n_\mathrm{d}} = (Y_{n_\mathrm{d}}^* Y_{n_\mathrm{d}})^{-1} Y_{n_\mathrm{d}}^* t \qquad (n_\mathrm{d} = 0,1,\cdots,L_f) \tag{6-17}$$

且平方估计误差为

$$J(\hat{f}_{n_\mathrm{d}}) = \left\| t - Y_{n_\mathrm{d}} \hat{f}_{n_\mathrm{d}} \right\|^2 = t^*(t - Y_{n_\mathrm{d}} \hat{f}_{n_\mathrm{d}}) \tag{6-18}$$

进一步优化 $J(\hat{f}_{n_\mathrm{d}})$ 对应的 n_d 即为均衡器的最优延迟。

1. student_toeplitz 子程序

student_toeplitz 子程序是用来构建 toeplitz 矩阵的，式（6–16）中的矩阵 Y_{n_d} 即为 toeplitz 矩阵。student_toeplitz 子程序的输入及输出如表 6–1 所示。

表 6–1　student_toeplitz 子程序的输入及输出

类型	名　称	数据类型	含　义
输入	row	一维数组	矩阵第一行（长度为 m）
	column	一维数组	矩阵第一列（长度为 n）
输出	Toeplitz Array	二维数组	$n \times m$ 抽头数组

在 student_toeplitz 子程序的行输入端口输入 (1 2 3 4)，在 student_toeplitz 的列输入端口输入 (1 5 6 7 8 9)，若输出 (1 2 3 4; 5 1 2 3; 6 5 1 2; 7 6 5 1; 8 7 6 5; 9 8 7 6)，如图 6–17 所示，则说明 student_toeplitz 子程序正确，否则程序错误。

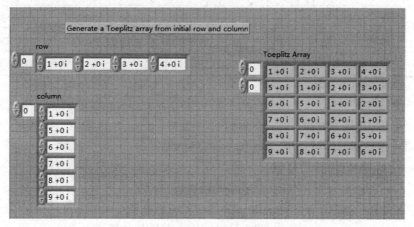

图 6–17　student_toeplitz 子程序的检测

提示：本模块可能会用到"反转一维数组"和"二维数组转置"等控件。另外，本书中给出的提示仅供参考，编程方式可能有许多种，不必拘泥于所给的提示。

2. student_LLSE 子程序

student_LLSE 子程序的作用是完成最小二乘法，其输入及输出如表 6–2 所示。

表 6–2　student_LLSE 子程序的输入及输出

类型	名　　称	数据类型	含　　义
输入	A	二维数组	$n×m$ 矩阵
	b	一维数组	长度 n 的矢量
输出	x.estimate	一维数组	线性最小二乘估计
	mean square error	双精度复数	估计平方误差 $\|A\hat{x} - b\|^2$

请仔细阅读上面介绍最小二乘均衡器原理的部分，在认真理解相关数学公式的推导过程和物理意义的基础上，完成编程。

提示：本模块可能会用到"矩阵转置""矩阵 $A×B$""逆矩阵""复数至极坐标转换"等控件。

3. student_direct_equalizer 子程序

在完成上述 student_toeplitz 和 student_LLSE 这两个子程序之后，只需要再在 student_direct_equalizer 子程序中完成式（6–16）中向量 t 及矩阵 Y_{n_d} 首行首列的构造，就可实现直接最小二乘均衡器的设计。student_direct_equalizer 子程序的输入及输出如表 6–3 所示。

表 6–3　student_direct_equalizer 子程序的输入及输出

类型	名　　称	数据类型	含　　义
输入	input	一维数组	帧同步后的序列
	modulation parameters in	簇	调制参数
	equalizer delay	一维数组	均衡器延迟参数 n_d 初始值
输出	filter estimate	一维数组	最小二乘均衡器参数
	modulation parameters out	簇	调制参数
	mean–squared error	双精度复数	$\|t - Y_{n_d}\hat{f}_{n_d}\|^2$
	actual equalizer delay	32 位整数	实际均衡器延迟参数 n_d

本实验中的训练序列由两个重复序列组成，使用前半部分训练序列可完成向量 t 的设计，即本实验中 N_t 为训练序列长度的一半。

提示：本模块可能会用到"数组子集""反转一维数组""创建数组"等控件。

4. student_equalization 子程序

student_equalization 子程序的作用是完成接收信号均衡。由 student_direct_equalizer 子程序的输出可得到均衡器的最优时延和对应的均衡滤波器参数，让接收信号通过均衡滤波器就可实现信号均衡。student_equalization 子程序的输入及输出如表 6–4 所示。

表 6-4　student_ equalization 子程序的输入及输出

类型	名　　称	数据类型	含　　义
输入	input symbols	一维数组	帧同步后的序列
	equalization filter	一维数组	最小二乘均衡器参数
	actual equalizer delay	一维数组	均衡器延迟参数 n_d 初始值
输出	equalized symbols	一维数组	均衡后的信号

实验中的均衡滤波器是有延迟的，若不对此进行相应的处理则可能会带来 50%的误比特率（与帧同步失败类似）。

提示：本模块可能会用到"卷积""数组子集"等控件。

实验开始前，在发送端主程序和接收端主程序的前面板中设置 USRP 的相关参数和基带处理的相关参数，包括 USRP IP 地址、发送/接收天线、载波频率（Hz）、调制方式、TX（RX）过采样因子、TX（RX）采样率和脉冲成形滤波器参数，以及均衡相关参数（信道估计长度只是间接均衡器的参数）。由于实验时通信信道稳定，程序中可通过外加信道的方式模拟均衡器在不同信道环境下的性能，信道模型参数用于配置信道参数。

完成前面板相关参数的设置后，启动并调试好程序，观察实验现象，比较不同信道条件下不同接收机的性能。

注意：由于程序包含的功能模块较多，建议不要随意更改前面板中标注为黑色的参数，以免影响程序的正常工作。

实验报告

学生姓名		学号		指导教师	
实验名称	均衡实验				
实验任务	完成 student_direct_equalizer、student_equalization 这两个子程序				
实验平台搭建	（注：请用简图示意本实验中硬件的连接方式。）				
程序设计	（注：请附实验任务中的各程序的框图，并简述设计思路。）				

续表

遇到的问题与 解决办法	
实验结果与分析	
实验扩展	（1）改变本实验接收端主程序前面板中"信道估计长度"和"均衡器长度"的设定值，观察比较系统的性能发生了什么变化。 （2）还有哪些技术可以减少由符号间干扰带来的误码？请简述其原理。 （3）时延色散除了会产生符号间干扰，还会带来什么其他影响？ （4）分别从时域和频域两个方面描述均衡器的工作原理。 （5）除了最小二乘法，还有哪些方法可以确定均衡器系数？它们的基本原理是什么，性能如何？ （6）利用最小二乘法计算均衡器系数时的计算复杂度如何？请简要分析。
心得体会	

6.4　扩频实验

6.4.1　实验目标

本实验要求基于 LabVIEW+USRP 软件无线电平台建立一个扩频通信系统，要求学生在对扩频技术有一定了解的基础上编写程序，完成实验任务。本实验有助于学生加深对扩频技术的认识，并进一步掌握在 LabVIEW+USRP 软件无线电平台上建立通信系统的技能。

6.4.2　实验环境与准备

（1）软件环境：LabVIEW 2012（或以上版本）。
（2）硬件环境：一套 USRP 和一台计算机。
（3）实验基础：熟悉 LabVIEW 编程环境和 USRP 的基本操作。
（4）知识基础：预习并理解扩频通信的基本原理。

6.4.3　实验介绍

1. 扩频技术

扩频技术，简单来讲就是将信息扩展到比所传信号数据速率大得多的带宽上的技术。在扩频系统中，发送端用一种特定的调制方法将原始信号的带宽加以扩展，从而得到扩频信号；接收端对接收到的扩频信号进行解扩处理，从而把它恢复成原始的窄带信号。

扩频系统具有较强的抗干扰能力，因为接收端在接收到扩频信号后，需要通过相关处理对接收信号进行带宽压缩，将其恢复成窄带信号。而对于干扰信号而言，由于它与扩频信号不相关，所以会被扩展到很宽的频带上，从而使进入信号带宽内的干扰功率大幅下降，即增加了相关器输出端的信号干扰比。因此，扩频系统对大多数人为干扰都具有很强的抵抗能力。

2. 发送端主程序

本实验发送端主程序前面板如图 6-18 所示。

前面板上部的选项卡控件可以配置各项参数。单击【硬件参数】选项卡，可以配置 USRP 的 IP 地址、载波频率等参数；单击【调制参数】选项卡，可以配置调制方式、采样率、脉冲成形滤波器等参数；单击【信道模型参数】选项卡，可以选择不同的信道模型并设置噪声功率。在前面板右侧可以设置扩频码的长度。前面板下方为显示界面，包括发送信号时域波形、发送信号频域波形、星座图和眼图。

发送端主程序主要由以下模块组成。

1）USRP 初始化

本模块主要实现 USRP 的初始化及 USRP 参数的配置。

2）transmitter

本模块是发送端程序的核心，可进行发射信号的生成、扩频、调制等。其中：source 子程序可产生固定长度的随机比特流；DS-SS 子程序用来对信源数据进行扩频；MOD 子程序可完成比特流的调制；add control 子程序可用来添加训练序列，用于接收端同步；pulse shaping 子程序可用来完成脉冲成形；TX apply channel 子程序实现发送端的信道自适应。"output

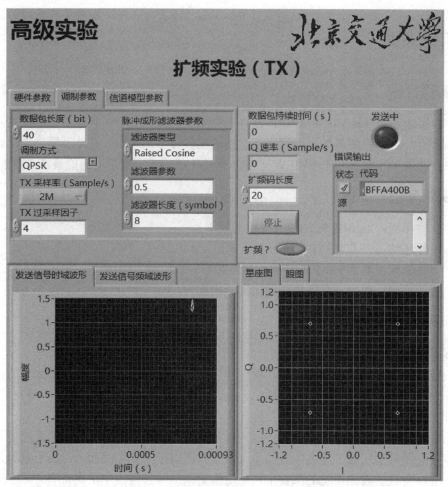

图 6-18　扩频实验发送端主程序前面板

complex waveform"即为输出的波形。

3）TXRF_prepare_for_transmit

本模块的作用是对调制信号的幅度进行归一化处理。

4）TXRF_send

本模块的作用是将归一化后的信号送入 USRP，实现射频发射。

3. 接收端主程序

接收端主程序前面板如图 6-19 所示。

与发送端主程序类似，接收端主程序前面板上部为各项参数的输入，包括硬件参数、扩频参数、调制参数；前面板下部显示生成的图形，包括信号星座图、眼图、误比特率曲线等。

接收端主程序主要由以下功能模块组成。

1）USRP 初始化

子程序 RXRF_init 可实现 USRP 的初始化。

2）USRP 参数配置

子程序 RXRF_config 可配置 USRP 的参数。

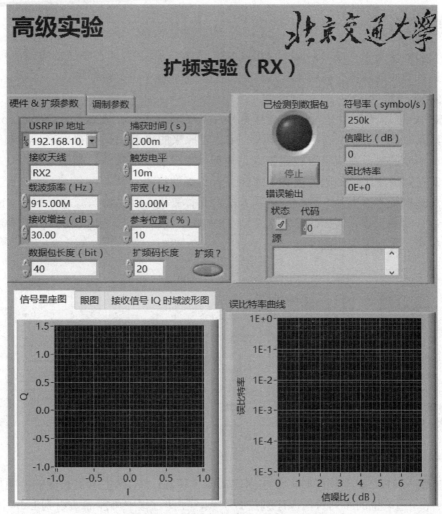

图 6-19 扩频实验接收端主程序前面板

3）接收信号

子程序 RXRF_recv 可接收射频信号，并且下采样到中频。

4）receiver

本模块是接收端主程序的核心，可实现原数据流的恢复，包括匹配滤波、同步、信道估计、均衡、解调、解扩、计算误比特率等重要功能。其中，RX init 子程序实现接收端的初始化；matched filter 子程序完成匹配滤波；synch 子程序为同步模块；channel_estimate 子程序完成信道估计；equalize 子程序完成信道均衡；strip control 子程序用来删除控制信息，即训练序列；decode 子程序实现信号的解调；DE-DSSS 子程序实现解扩；Ber detected 子程序用于计算误比特率。

5）关闭 USRP

子程序 RXRF_close 的作用是关闭 USRP 会话。

接收端主程序框图的其他零散部分主要用来计算误比特率曲线及生成星座图、眼图等显示图形。

6.4.4 实验任务

本次实验需要学生完成 DS–SS 和 DE–DSSS 这两个子程序,即在发送端实现信号的扩频,在接收端进行相应的解扩。完成实验后,请提交上述子程序和实验报告。

1. DS–SS 子程序

DS–SS 子程序的作用是对信源进行直接序列扩频(direct sequence spread spectrum,DSSS),其原理是利用多个码片(扩频码)来代表原来的 0 或 1,使得原来具有较窄带宽、较高功率谱密度的频谱变成具有较宽带宽、较低功率谱密度的频谱,类似于噪声功率谱。而接收端只有在知道正确扩频码的条件下才能进行正确的接收。

直接序列扩频本质上是一种数字调制方法,具体来说,就是将信源与一定的 PN 码(伪随机码)进行同或运算。例如,在发送端用 11011001 代替"1",用 00100110 代替"0",这样可实现扩频,实现过程如图 6–20 所示。

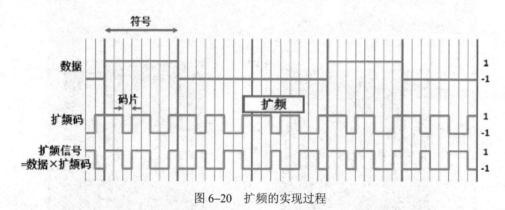

图 6–20　扩频的实现过程

因此在编写 DS–SS 子程序时,学生需完成两个任务:① 产生所需长度的伪随机序列作为扩频码;② 用产生的序列对信源序列进行扩频。在此过程中可能需要用到 LabVIEW 提供的相关函数。

2. DE–DSSS 子程序

DE–DSSS 子程序的作用是在接收端实现对信号的解扩,解扩操作是扩频操作的逆过程。继续使用上面的例子,在发送端用 11011001 代替"1",用 00100110 代替"0"后,在接收端处只要把收到的序列中的 11011001 恢复成"1",而把 00100110 恢复成"0",即完成解扩。解扩的实现过程如图 6–21 所示,将扩频信号与扩频码相乘即可恢复原始数据。

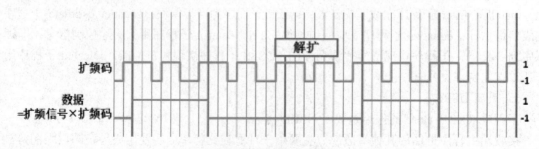

图 6–21　解扩的实现过程

在编写 DE–DSSS 子程序时，学生同样需要完成两件事：① 产生与发送端相同的伪随机序列（扩频码）；② 利用产生的序列对接收信号进行解扩。

3. 实验验证

按照上述要求完成 DS–SS 和 DE–DSSS 这两个子程序后，需要单独验证这两个子程序的正确性。

在 DS–SS 子程序中，可以手动输入一串 0/1 作为信源序列，并设置好扩频码（PN 序列）的长度（N）。单独运行 DS–SS 子程序，观察输出的序列长度是否扩展了 N 倍，并注意输出序列中的 PN 码是否与相应的 0 或者 1 对应。若验证成功，则表明 DS–SS 子程序编写正确。也可以利用类似的方法验证 DE–DSSS 子程序的正确性。

然后验证发送端主程序是否能正确地发送用户想要的扩频信号。首先正确地连接 USRP，合理配置发送端的各项参数，并运行程序。然后可能会看到如图 6–22 至图 6–25 所示的发送信号时域波形和频域波形。

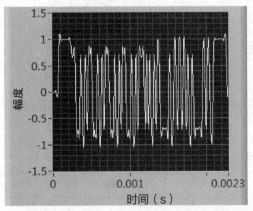

图 6–22　未扩频的时域波形

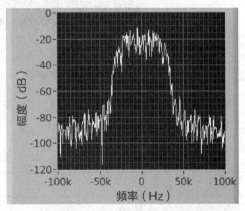

图 6–23　未扩频的频域波形

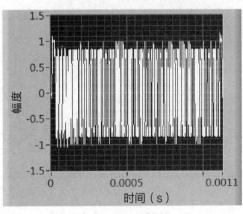

图 6–24　扩频后的时域波形

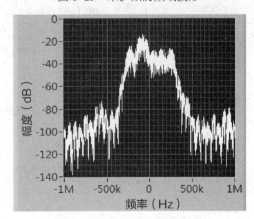

图 6–25　扩频后的频域波形

可以看出，经过扩频的发送信号与未经过扩频的发送信号相比，在频域明显展宽。这与扩频的基本原理相符，说明发送端的设计基本正确。

接收端的参数必须与发送端匹配，这样才能正确接收信号。特别需要注意捕获时间、数据包长度和 RX 采样率这几个参数，只有在理解它们意义的基础上，才能够正确地完成配置。

若未修改发送端的默认参数，且接收端的默认参数恰好能够与发送端匹配，可同时运行发送端和接收端程序，在发送端正确运行时，观察接收端能否正确接收。接收端程序会计算当前信噪比下的误比特率，并逐渐增大信噪比，最终得到误比特率曲线，如图 6-26 所示。可能需要等待一段时间才能够看到程序运行的结果。在接收端程序运行的同时，可以进入 receiver 子程序中的 Ber detected 子程序，通过该子程序可观察在当前信噪比条件下的误比特数和接收数据数并计算误比特率，如图 6-27 所示。

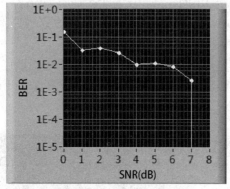

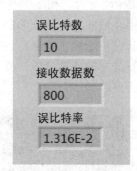

图 6-26　误比特率曲线　　　　　图 6-27　运行时的数据显示

改变接收端和发送端的各项参数，观察不同参数对运行结果的影响。最后，请按照要求完成实验报告。

实验报告

学生姓名		学号		指导教师	
实验名称	扩频实验				
实验任务	完成 DS-SS、DE-DSSS 这两个子程序				
实验平台搭建	（注：请用简图示意本实验中硬件的连接方式。）				
程序设计	（注：请附实验任务中的各程序的框图，并简述设计思路。）				

续表

遇到的问题与解决办法	
实验结果与分析	
实验扩展	（1）简述接收端同步模块的基本原理及具体实现方式。 （2）扩频技术除了具有较强的抗干扰能力外，还有哪些优点？请分别简述，并说明扩频技术具有这些优点的原因。 （3）伪随机序列有许多种，如 m 序列、Gold 序列、M 序列等，尝试使用不同伪随机序列实现对信号的扩频。 （4）在系统中适当地添加干扰，以验证扩频技术具有良好的抗干扰能力。
心得体会	

6.5　正交频分复用实验

6.5.1　实验目标

本实验要求利用 LabVIEW 软件和 USRP 建立一个正交频分复用（orthogonal frequency division multiplexing，OFDM）系统。该实验有助于加深学生对 OFDM 收发原理和均衡算法的理解，进一步掌握在 LabVIEW+USRP 软件无线电平台上建立通信系统的技能。

6.5.2　实验环境与准备

（1）软件环境：LabVIEW 2012（或以上版本）。
（2）硬件环境：一套 USRP 和一台计算机。
（3）实验基础：熟悉 LabVIEW 编程环境和 USRP 的基本操作。
（4）知识基础：预习并理解 OFDM 的基本原理。

6.5.3　实验介绍

本实验发送端和接收端主程序前面板分别如图 6-28 和图 6-29 所示，前面板左侧的选项卡控件可以配置各项参数。单击【硬件参数】选项卡可对 USRP 进行参数配置，单击【调制参数】选项卡可设置基带处理的相关参数，这两部分参数在发送端和接收端应一一匹配，单击【OFDM 参数】选项卡可设置 OFDM 的参数，单击发送端主程序前面板中的【信道模型参数】选项卡

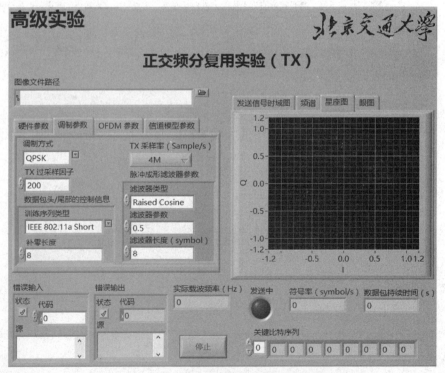

图 6-28　正交频分复用实验发送端主程序前面板

可设置所添加信道的参数。前面板右侧为显示界面，可显示时域图、频谱、眼图和星座图等。

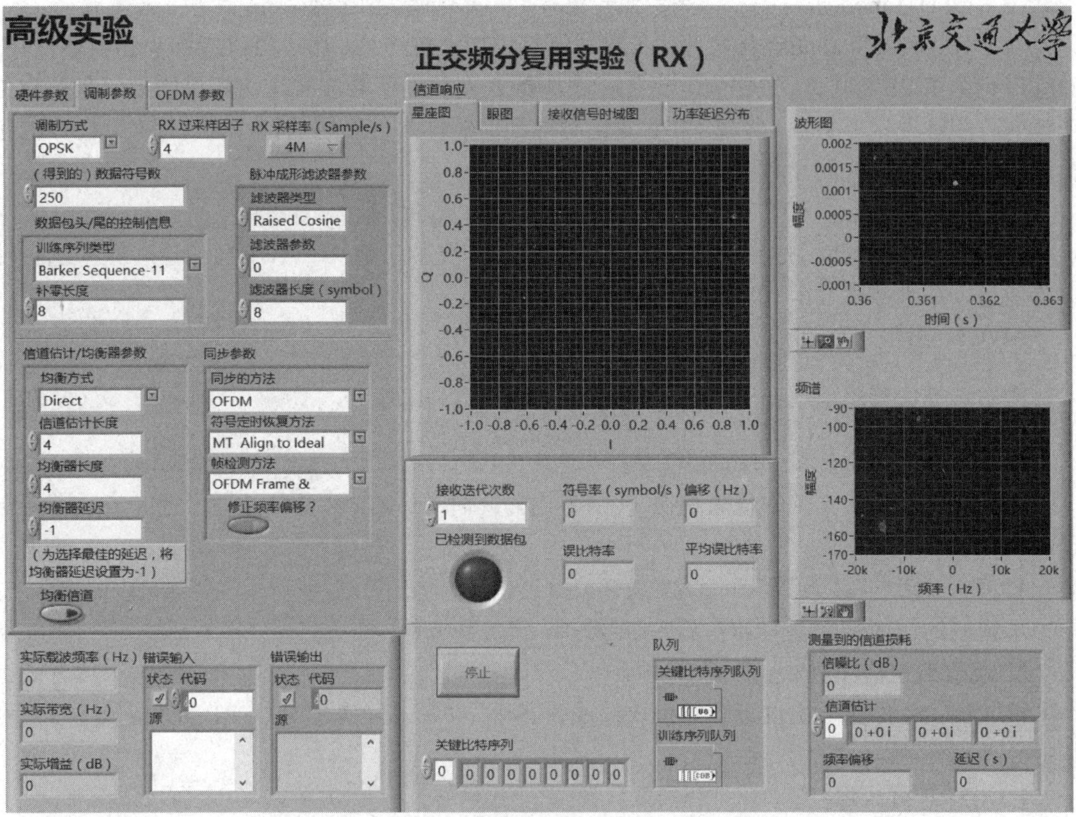

图 6-29　正交频分复用实验接收端主程序前面板

本实验发送端和接收端主程序逻辑框架如图 6-30 所示，这两个主程序（top_ofdm_tx 和 top_ofdm_rx）均由两个部分组成，即 USRP 控制部分和基带处理部分。

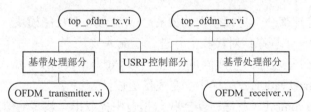

图 6-30　主程序逻辑框架

1. 发送端主程序

发送端主程序主要由以下功能模块组成，其中，1)、3)、4) 为 USRP 控制部分，2) 为基带处理部分。

1) USRP 初始化

TXinit 子程序主要完成 USRP 的配置。

2) OFDM TX

本模块为基带处理部分，是发送端的核心，它主要由以下 6 个部分组成。

(1) source 子程序：产生信息比特流。

（2）MOD 子程序：将信息比特流调制成基带信号。

（3）OFDM mod 子程序：将基带信号进行 OFDM 调制（该模块需要学生来完成）。

（4）OFDM add control 子程序：在数据包前添加训练序列，用于接收端同步和信道估计。训练序列由 IEEE 802.11a 短序列[13]产生：在序数是偶数的子载波发送伪随机序列，在序数是奇数的子载波发送零数据，经过 IFFT 变化可得到前后样本值系统的特殊训练序列。在数据包头添加保护带可用来防止邻频干扰。

（5）pulse shaping 子程序：用来完成基带信号的脉冲成形。

（6）TX apply channel 子程序：在发送端添加定义的信道——AWGN 信道和频率选择性衰落信道，分别如式（6-19）和式（6-20）所示：

AWGN 信道： $$y[n] = w[n] + v[n] \tag{6-19}$$

频率选择性衰落信道： $$y[n] = \sum_{l=0}^{L} h[l] w[n-l] + v[n] \tag{6-20}$$

3）TXRF_prepare_for_transmit

本模块将基带数据的幅值限制在 [0, 1] 内，此时 LabVIEW 基带处理已经完成，准备送到 USRP 进行发送。

4）TX send

本模块的作用是控制 USRP 发送信号。

2. 接收端主程序

接收端主程序主要由以下功能模块组成，其中，1）、2）、4）为 USRP 控制部分，3）为基带处理部分。

1）USRP 初始化

子程序 RXinit 可打开 USRP 会话，并获取训练序列。

2）USRP 参数配置

子程序 RXconfig 主要完成 USRP 的配置。

3）OFDM RX

本模块为基带处理部分，是接收端的核心，它包含 8 个功能模块，分别介绍如下。

（1）matched filter 子程序：对接收信号进行匹配滤波。

（2）OFDM synch 子程序：完成同步，包含符号同步、帧同步和载波同步。

（3）OFDM channel estimate 子程序：完成信道估计。

（4）OFDM strip control 子程序：从接收数据包中提取出承载传输信息的信号部分。

（5）OFDM demod 子程序：完成 OFDM 信号解调（该模块需要学生来完成）。

（6）decode 子程序：完成从信号到信息比特的映射。

（7）error detect 子程序：检测系统的误比特率。

（8）recovered image 子程序：显示恢复出的图像。

4）关闭 USRP

子程序 RXRF_close 的作用是关闭 USRP 会话。

6.5.4 实验任务

本次实验需要完成 student_OFDM_modulator、student_ OFDM_demodulator、student_

OFDM_FEQ 这三个子程序的编写。

1. student_OFDM_modulator 子程序

待编写子程序 student_OFDM_modulator 在发送端主程序中的路径示意图如图 6–31 所示。该程序的输入、输出如表 6–5 所示，请按照 OFDM 原理完成程序编写，实现其功能。

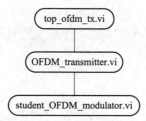

图 6–31　待编写子程序 student_OFDM_modulator 在发送端主程序中的路径示意图

表 6–5　student_OFDM_modulator 子程序的输入及输出

类型	名　称	数据类型	含　义
输入	input symbols	一维数组（双精度复数）	用于 OFDM 调制的输入符号流
输出	output samples	一维数组（双精度复数）	OFDM 调制后采样点数据流：一个 OFDM 符号包括 $N+L_c$ 个样点

标准 OFDM 系统收发机[14]的主要结构如图 6–32 所示。在发送端首先将图像转换成比特，然后经过星座映射后可得到频域符号。

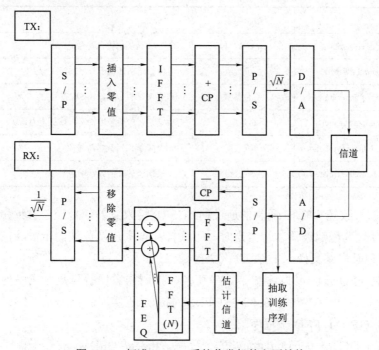

图 6–32　标准 OFDM 系统收发机的主要结构

（1）对频域符号进行 1:(N–K) 串并变换（N 是子载波数、K 是空子载波数）；

（2）按照所给空子载波位置，插入 K 个零值得到 $\{s[m]\}_{m=0}^{N-1}$；

（3）进行 N 点 IFFT 变换，生成包含 N 点的 OFDM 符号 $w[n] = \frac{1}{N}\sum_{m=0}^{N-1}s[m]\mathrm{e}^{\mathrm{j}2\pi\frac{mn}{N}}$ （$n = 0,\cdots,$ $N-1$），N 一般取 2 的幂次；

（4）添加长度为 L_c 的循环前缀，使得 $w[n] = w[n+N]$ （$n = 0,1,\cdots,L_c-1$），这说明开始 L_c 和最后 L_c 个采样点相同，此时得到 $N+L_c$ 个点。循环前缀可以阻断符号间干扰，同时有助于将线性卷积转换为循环卷积。

（5）进行 $(N+L_c)$:1 并串变换，进行必要的能量补偿，最后生成序列。

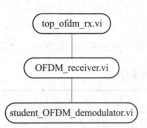

图 6-33　待编写子程序 student_OFDM_demodulator 在接收端主程序中的路径示意图

OFDM_comm1_0 文件为 LabVIEW LLB 文件，相当于一个 LabVIEW 的程序集，可根据需要选择功能模块加入程序使用，如串并变换（S2P.vi），插入零值（OFDM_insert_null_tones.vi），加入循环前缀（OFDM_add_CP.vi），并串变换（P2S.vi）等。

2. student_OFDM_demodulator 子程序

待编写子程序 student_OFDM_demodulator 在接收端主程序中的路径示意图如图 6-33 所示。该程序主要的输入、输出如表 6-6 所示，请按照 OFDM 原理完成程序编写，实现其功能。

表 6-6　student_OFDM_demodulator 子程序的输入及输出

类型	名　称	数据类型	含　　义
输入	received samples	一维数组	OFDM 调制的输入符号流
	channel estimate	一维数组	时域信道估计用于频域均衡
	number of data symbols	32 位整数	需要恢复的 QPSK/BPSK 符号数
	Equalize channel	布尔型	决定是否应用频域均衡，默认值为真
输出	demodulated symbols	一维数组	OFDM 解调后数据符号流
	FD channel estimate	一维数组	时域信道估计的频域响应

OFDM 解调大致是 OFDM 调制的逆过程。USRP 接收到的信号经过射频和中频处理恢复为基带信号，经过匹配滤波器、符号定时、下采样和帧同步及载波同步去除控制信息后进行 OFDM 解调，包括串并变换、去除 CP（丢掉前 L_c 个采样点）、N 点 FFT 变换、频域均衡（student_OFDM_FEQ.vi）、移除零值、并串变换、按所需数据符号数生成序列，同时还进行必要的能量补偿。具体可参考图 6-32 和 OFDM 调制过程实现。

3. student_OFDM_FEQ 子程序

作为 student_OFDM_demodulator.vi 的子程序，student_OFDM_FEQ 子程序可实现 OFDM 的频域均衡。该子程序主要输入及输出如表 6-7 所示，请按照均衡原理完成程序编写，实现其功能。

表 6-7　student_OFDM_FEQ 子程序的输入及输出

类型	名　称	数据类型	含　义
输入	input	二维数组	并行符号块（FFT 输出），每一行对应一个符号块 $\{Y[k]\}_{k=0}^{N-1}$
	channel estimate	一维数组	时域信道估计用于频域均衡
输出	equalized output	二维数组	均衡后符号块，每一行对应一个符号块 $\{\tilde{X}[k]\}_{k=0}^{N-1}$，$\tilde{X}[k]=Y[k]/\hat{H}[k]$
	FD channel estimate	一维数组	时域信道估计的频域响应 $\hat{H}[k]=FFT[h(l)]$

将去除循环前缀后的序列进行 FFT 变换：

$$Y[k]=\sum_{m=0}^{N-1}s[m]\mathrm{e}^{-\mathrm{j}2\pi\frac{mk}{N}}\ (k=0,\cdots,N-1) \tag{6-21}$$

其中 $Y[k]$ 是输入符号 $\{s[m]\}_{m=0}^{N-1}$ 的离散傅里叶变换。在不考虑噪声时，$Y[k]=\hat{H}[k]\cdot S[k]$。

因为 OFDM 将频率选择性衰落信道分为 N 条平坦衰落子信道，因此 OFDM 每条子信道可以使用简单的迫零均衡实现均衡，即用 $Y[k]$ 除以 $\hat{H}[k]$ 实现均衡，即 $\hat{X}[k]=Y[k]/\hat{H}[k]$。

经过频域均衡（此步为 student_OFDM_FEQ 子程序的功能）的信号，再经过移除零值、并串变换（至此步完成 student_OFDM_demodulator 程序的功能）和 QPSK 解调，即可由比特恢复图像，最后可进行误比特率计算。

完成上述三个子程序的编写后，在发送端主程序和接收端主程序的前面板配置好 USRP，同时运行发送端主程序和接收端主程序。通过观察收发星座图及 OFDM 收发频谱是否满足选择的调制方式来验证程序的正确性，最后观察实验结果并完成实验报告。

本实验对 OFDM 中的时间参数定义如下：T 是采样周期；$T(N+L_c)$ 是 OFDM 符号周期；L_cT 是循环前缀持续时间。

发送端主程序 top_ofdm_tx 和接收端主程序 top_ofdm_rx 的参数（见图 6-34）设置如下：

（1）调制方式设为 QPSK；

（2）FFT 大小（N）设为 64；

（3）循环前缀的长度（L_c）设为 8；

（4）空子载波插入位置设为 $\{0, 30, 31, 32\}$；

（5）信道估计长度设为 4。

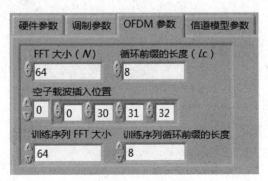

图 6-34　OFDM 参数设置

1）频率选择性衰落信道

首先观察频率选择性衰落信道的频谱响应，参数设置如下：

（1）发送端：TX 采样率=4M Sample/s，TX 过采样因子=4；

（2）接收端：RX 采样率=4M Sample/s，RX 过采样因子=4。

在成功发送数据包后，在接收端主程序 top_ofdm_rx 前面板上通过信道响应、功率延迟分布图观察宽带信道频域响应和即时功率谱，同时需要注意信道响应的有效长度。在这部分把天线放置到适当高度是很重要的，这样可以确保所有反射路径信号都能到达接收天线。

分析并给出 OFDM 符号速率、宽带信道有效长度及其与宽带信道频域响应之间的关系，并判断频域响应是平坦的还是频率选择性的。

2）频偏敏感度

观察当存在频偏时，OFDM 系统的性能。参数设置如下：

（1）发送端：TX 采样率=4M Sample/s，TX 过采样因子=4；

（2）接收端：RX 采样率=4M Sample/s，RX 过采样因子=4；

（3）频率偏移=200 Hz。

为了观察频偏对系统的影响，需要在接收端主程序 top_ofdm_rx 前面板将"修正频率偏移"控件设置为 false。为考虑不同 N 值的 OFDM 系统，将 OFDM 参数设置如下：

（1）FFT 大小（N）设为 64；

（2）循环前缀的长度（L_c）设为 16；

（3）空子载波插入位置设为{0，30，31，32}。

观察频偏值如何影响接收星座图、接收端 OFDM 频谱及误比特率。改变 OFDM 系统参数，同样观察频偏值如何影响接收星座图、接收端 OFDM 频谱及误比特率。

（1）FFT 大小（N）设为 1 024；

（2）循环前缀的长度（L_c）设为 32；

（3）空子载波插入位置设为{0，511，512，513}。

实验报告

学生姓名		学号		指导教师	
实验名称	正交频分复用实验				
实验任务	完成 student_OFDM_modulator、student_OFDM_demodulator、student_OFDM_FEQ 这三个子程序				
实验平台搭建					
	（注：请用简图示意本实验中硬件的连接方式。）				

程序设计	（注：请附实验任务中的各程序的框图，并简述设计思路。）
遇到的问题与 解决办法	
实验结果与分析	
实验扩展	（1）频偏会引起相位偏移，造成接收星座图旋转。为什么频偏对 OFDM 系统造成的影响与单载波系统不同？ （2）当 N=64 和 N=1 024 时，子载波间隔分别是多少？ （3）哪个系统（N=64 和 N=1 024）对频偏更敏感，为什么？
心得体会	

6.6 多输入多输出系统实验

6.6.1 实验目标

本实验要求利用 LabVIEW 软件和 USRP 搭建 2×2 多输入多输出（multiple-input multiple-output，MIMO）系统。具体来说，需要学生编写空时分组码（space time block code，STBC）的编解码程序，以实现视频和图像的传输。该实验将加深学生对多天线技术的理解及通信过程中符号同步、帧同步、载波同步和信道估计等技术的认识。

6.6.2 实验环境与准备

（1）软件环境：LabVIEW 2012（或以上版本）。
（2）硬件环境：四套 USRP、两台计算机和两根 MIMO 线。
（3）实验基础：熟悉 LabVIEW 编程环境和 USRP 的基本操作。
（4）知识基础：预习并理解 MIMO 的基本原理。

6.6.3 实验介绍

MIMO 技术利用空间资源增加无线传输信道，在发送端和接收端采用多天线，同时收发信号。由于各发射天线同时发送的信号占用同一个频带，所以并未增加带宽，但能够成倍地提高系统容量和频谱利用率。多输入多输出既可以用于多个数据流，也可以用于一个数据流的多个版本，因此各种多天线技术都可以算作是 MIMO 技术。MIMO 技术分类如图 6–35 所示。

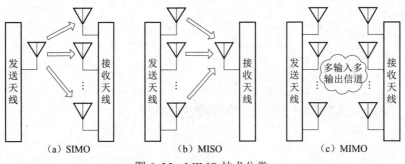

图 6–35　MIMO 技术分类

本实验需要完成的是 2×2 MIMO 系统，它包含发送和接收两个部分，其主程序前面板分别如图 6–36 和图 6–37 所示，实验系统的原理如图 6–38 所示。下面具体介绍发送端和接收端主程序的构成。

1. 发送端主程序

本实验的发送端主程序为 MIMO Tx_stu，它主要包含以下 6 个功能模块。

1）信源

该模块由获取图像和生成比特两个部分组成。获取图像部分利用 LabVIEW 的 IMAQdx 模块获取摄像头图像，并将图像信息转换成字符串数组；生成比特部分将字符串数组转换成有符号 8 位整数（−128～127）数组，通过 8digit_to_01bitstream 子程序将有符号 8 位整数数

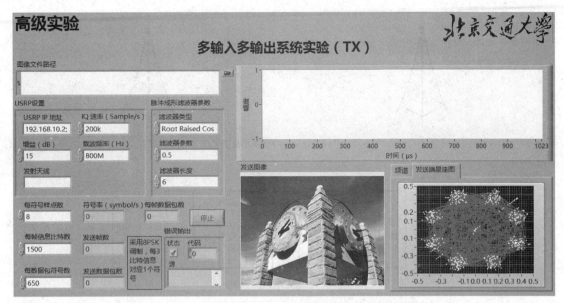

图 6-36　多输入多输出系统实验发送端主程序前面板

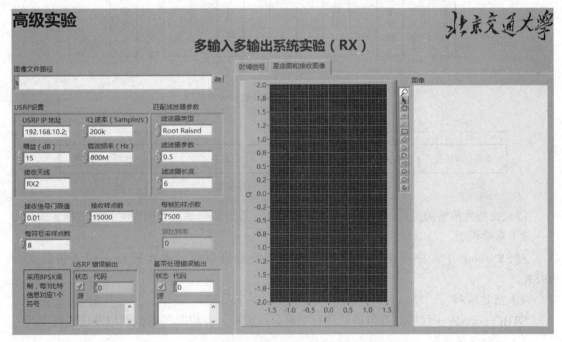

图 6-37　多输入多输出系统实验接收端主程序前面板

组转换为比特数组，这就完成了比特生成。

2）成帧

generate_packet 子程序根据设定的数据包大小将生成的信息比特切割成若干个数据包，每个数据包由五个部分组成：38 位数据包保护头、16 位数据包头、16 位每包比特数、若干信息比特和 200 位数据包保护尾，其结构图如图 6-39 所示。数据包保护头用于完成接收端比特同步，数据包包头含该数据包的编号及总数据包大小，每包比特数指示该数据包中信息比特的大

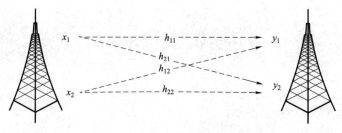

（a）2×2 MIMO 信道示意图

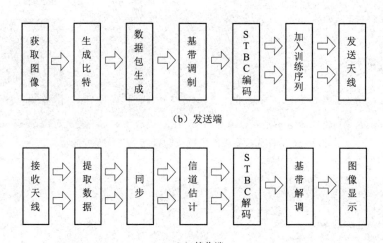

（b）发送端

（c）接收端

图 6-38　多输入多输出系统实验原理图

38位	16位	16位		200位
数据包保护头	数据包头	每包比特数	信息比特	数据包保护尾

图 6-39　基带数据包结构图

小，信息比特为传输的信息，数据包保护尾用于防止通过成形滤波器时发生尾部数据丢失。

3）基带调制

8PSK_mod 子程序可将生成的数据包调制成基带信号。本实验设定的调制方式为 8PSK。

4）空时编码

STBC_encode 子程序对基带符号进行空时分组编码，并将其映射到两根发送天线上。

5）添加训练序列

add_training_sequence 子程序可实现在每个数据包前面加上训练序列。训练序列是一组经过 QPSK 调制的符号，用于接收端进行帧同步、载波同步和信道估计。为天线上待传输的数据包添加训练序列的方式如图 6-40 所示。

6）脉冲成形

pulse_shaping_scale 子程序完成传输数据包的脉冲成形滤波和上采样，并通过两套 USRP 发送信号。

图 6-40　为天线上待传输的数据包添加训练序列的方式

2. 接收端主程序

接收端主程序是 MIMO Rx_stu，它主要包含以下功能模块。

1）提取数据

子程序 locate_packet_header 通过观察信号样点的功率值分布提取传输数据包。将接收信号样点平均功率的 0.25 倍设为门限值，每 50 个信号样点为一份，取其平均功率并与门限值作比较，高于门限值的认定为是待处理信号，低于门限值的认定为是噪声，从而提取出传输数据包。

2）匹配滤波

子程序 matched_filter 完成对提取出的传输数据包进行匹配滤波，匹配滤波器和发送端的成形滤波器相对应。

3）同步

同步包含了符号同步、帧同步和载波同步三个步骤，在子程序 symbol_synchronization 和子程序 frame_syn & freq_offset_correction 中可完成这三个步骤。

（1）符号同步：采用 Max Energy 算法完成符号同步。根据过采样参数的值（假设过采样系数为 4），取出不同采样位置下的信号$[a_0, a_4, a_8, \cdots]$，$[a_1, a_5, a_9, \cdots]$，$[a_2, a_6, a_{10}, \cdots]$，$[a_3, a_7, a_{11}, \cdots]$，最后计算出这四个数组的总功率，选择功率值最大的数组对应的采样位置完成符号同步，并对数据进行降采样。

（2）帧同步：采用 SCA 算法[15]完成数据的帧同步。发送端添加长度为 N 的训练序列，它的前一半和后一半是相同的训练符号。SCA 算法的基本原理如图 6-41 所示，主要参数的计算方法如式（6-24）至式（6-27）所示。

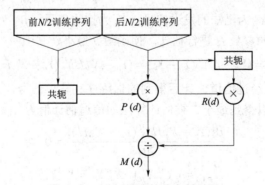

图 6-41　SCA 算法的基本原理图

$$P(d) = \sum_{m=0}^{N/2-1} r^*_{d+m} \cdot r_{d+m+\frac{N}{2}} \qquad （6-24）$$

$$R(d) = \sum_{m=0}^{N/2-1} \left| r_{d+m+\frac{N}{2}} \right|^2 \qquad (6\text{-}25)$$

$$M(d) = \frac{|P(d)|^2}{|R(d)|^2} \qquad (6\text{-}26)$$

$$\hat{d} = \arg\max[M(d)] \qquad (6\text{-}27)$$

其中，r_d 是接收到的训练序列，$R(d)$ 是功率归一化因子。

该算法可以在一定程度上克服传播距离对信号功率的影响，从而保证了较高的同步检测成功概率。在接收端，将 $M(d)$ 值最大所对应的采样位置选为数据帧头。

（3）载波频率同步：采用 Moose 算法[16]进行频偏估计和校正。Moose 算法如下：

$$Y_{1k} = r_{k+L_h} \qquad (6\text{-}28)$$

$$Y_{2k} = r_{k+L_h+\frac{N}{2}} \qquad (6\text{-}29)$$

$$Y_{2k} = Y_{1k} \cdot e^{j2\pi\varepsilon} \qquad (6\text{-}30)$$

$$\hat{\varepsilon} = \frac{1}{2\pi} \arctan \left\{ \frac{\sum_{k=0}^{\frac{N_t}{2}-(L_h-1)} \text{Im}[Y_{2k} \cdot Y_{1k}^*]}{\sum_{k=0}^{\frac{N_t}{2}-(L_h-1)} \text{Re}[Y_{2k} \cdot Y_{1k}^*]} \right\} \qquad (6\text{-}31)$$

其中，L_h 为信道估计长度，N 为训练序列长度。将估计出的频偏值取反，然后再对信号样点进行逐点修正。

4）信道估计

channel_estimation 子程序基于训练序列，采用最小二乘估计算法完成信道估计。接收的二维数据包中每一行对应两个训练序列，每一个训练序列对应一个发送天线。因此，对每行的训练序列进行信号估计就可以得到四个信道的参数。

下面具体介绍最小二乘估计算法。假设接收信号为

$$Y_P = X_P H + W_P \qquad (6\text{-}32)$$

其中，H 为信道响应，X_P 为已知的发送信号，Y_P 为接收信号，W_P 为噪声。最小二乘估计算法就是对式（6-32）中的参数 H 进行估计，使函数 J 最小，其中

$$J = (Y_P - \hat{Y}_P)^H (Y_P - \hat{Y}_P) = (Y_P - X_P\hat{H})^H (Y_P - X_P\hat{H}) \qquad (6\text{-}33)$$

其中，$\hat{Y}_P = X_P\hat{H}$，它是经过信道估计后得到的训练序列输出信号，$\hat{H}$ 是信道响应 H 的估计值。根据式（6-34）可以得到最小二乘估计算法的信道估计值 $\tilde{H}_{P,\text{LS}}$。

$$\frac{\partial\{(Y_P - X_P\hat{H})^H (Y_P - X_P\hat{H})\}}{\partial \hat{H}} = 0 \qquad (6\text{-}34)$$

$$\tilde{H}_{P,\text{LS}} = (X_P^H X_P)^{-1} X_P^H Y_P = X_P^{-1} Y_P \qquad (6\text{-}35)$$

5）空时解码

STBC_decode 子程序利用估计出的信道参数对去除训练序列的接收数据包进行空时分组解码。

6）基带解调

8PSK_demod 子程序实现 8PSK 的解调。

7）解帧

利用发送端已知的 38 位数据包保护头与解调后的 0/1 数组进行互相关运算，最大值的位置即为数据包保护头。根据数据包帧格式可提取出当前数据包编号、总数据包大小和该数据包中信息比特大小这三个控制信息，并可提取出有效数据。

8）还原图像

01bitstream_to_8digit 子程序将 0/1 比特转化成有符号八位数，再将有符号八位数转换成字符串数组送入 LabVIEW 的 IMAQdx 模块，完成图像显示。

6.6.4　实验任务

本实验要求完成 STBC_encode 和 STBC_decode 这两个子程序，以实现多天线系统视频和图像的传输，并完成实验报告。

1. STBC_encode 子程序

空时编码技术可将同一信息经过正交编码后从多根天线上发射出去，使多路信号具有正交性，这样在接收端通过简单的线性合并就可以将多路独立信号区分出来，并得到满分集增益。

假设 x_1 和 x_2 为两个发送符号，将其按式（6–36）方式编码后，按如下方法从两根天线上发送出去：在第一个发射周期，第一根天线和第二根天线上分别发送符号 x_1 和 x_2；在第二个发射周期，第一根天线和第二根天线上分别发送符号 $-x_2^*$ 和 x_1^*。也就是说，x 的第一列表示第一个发射周期从不同天线发送出去的信号，x 的第一行表示在不同发射周期从第一根天线发送出去的信号，依此类推。

$$x = \begin{bmatrix} x_1 & -x_2^* \\ x_2 & x_1^* \end{bmatrix} \tag{6–36}$$

STBC_encode 子程序将输入的一维数组经过空时分组编码映射成二维数组，再通过两根天线发射出去。该程序的输入、输出模型图如图 6–42 所示。

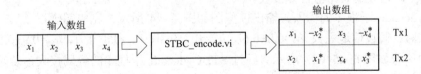

图 6–42　STBC_encode 子程序的输入、输出模型图

当完成编码程序后，可以进行如下验证实验：输入 4 个 QPSK 符号 0.707+0.707i、0.707−0.707i、−0.707−0.707i、−0.707+0.707i，若输出数组如图 6–43 所示，则说明编写的 STU_STBC_encode 子程序正确，否则错误。

STBC编码后数据流			
0.71 +0.71 i	−0.71 −0.71 i	−0.71 −0.71 i	0.71 +0.71 i
0.71 −0.71 i	0.71 −0.71 i	−0.71 +0.71 i	−0.71 +0.71 i

图 6–43　STBC_encode 子程序的验证

2. STBC_decode 子程序

本实验利用最大比值合并接收方法进行空时分组解码。假设天线端发送符号 a 和 b，经过空时分组编码后得到

$$\boldsymbol{x} = \begin{bmatrix} a & -b^* \\ b & a^* \end{bmatrix} \tag{6-37}$$

假设估计出的信道系数矩阵为

$$\boldsymbol{h} = \begin{bmatrix} h_{11} & h_{12} \\ h_{21} & h_{22} \end{bmatrix} \tag{6-38}$$

其中，h_{ij}（$i=1, 2$；$j=1, 2$）表示第 j 根发送天线到第 i 根接收天线的信道系数，则接收数据为

$$\boldsymbol{r} = \begin{bmatrix} h_{11}a + h_{12}b & h_{12}a^* - h_{11}b^* \\ h_{21}a + h_{22}b & h_{22}a^* - h_{21}b^* \end{bmatrix} \tag{6-39}$$

利用估计出的信道系数处理接收信号，信道系数为

$$\boldsymbol{h}^* = \begin{bmatrix} h_{11}^* & h_{21}^* & h_{12} & h_{22} \\ h_{12}^* & h_{22}^* & -h_{11} & -h_{21} \end{bmatrix} \tag{6-40}$$

令

$$\boldsymbol{r}^* = [h_{11}a + h_{12}b \quad h_{21}a + h_{22}b \quad h_{12}^*a - h_{11}^*b \quad h_{22}^*a - h_{21}^*b] \tag{6-41}$$

可以得到解调后的信号 $\boldsymbol{y}$：

$$\boldsymbol{y} = \boldsymbol{h}^*(\boldsymbol{r}^*)^{\mathrm{T}} = \begin{bmatrix} (|h_{11}|^2 + |h_{12}|^2 + |h_{21}|^2 + |h_{22}|^2)a \\ (|h_{11}|^2 + |h_{12}|^2 + |h_{21}|^2 + |h_{22}|^2)b \end{bmatrix} \tag{6-42}$$

因此，由

$$\boldsymbol{y}' = \frac{\boldsymbol{y}}{\sum |\boldsymbol{h}|^2} = \begin{bmatrix} a \\ b \end{bmatrix} \tag{6-43}$$

解码出 a 和 b，完成最大比值合并接收。

STBC_decode 子程序的输入、输出模型图如图 6-44 所示。完成解码程序后，可以进行如下验证实验：假设信道系数 h_{11}=0.8+0.6i、h_{12}=0.7+0.8i、h_{21}=0.8+0.7i、h_{22}=0.9+0.8i，两根天线接收到的信号如图 6-45（a）所示。经过 STBC_decode 子程序的解码接收，若输出数组如图 6-45（b）所示，说明所编写的 STBC_decode 子程序正确，否则错误。

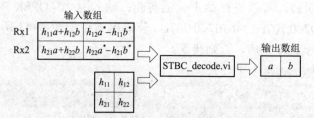

图 6-44　STBC_decode 子程序的输入、输出模型图

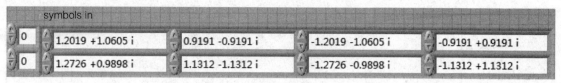

（a）接收到的信号

（b）输出数组

图 6-45　STBC_decode 子程序的验证

　　完成上述两个子程序的编写后，在发送端主程序和接收端主程序的前面板配置好 USRP 参数，同时运行发送端主程序和接收端主程序，观察实验现象并完成实验报告。对于 USRP 设置参数和匹配滤波器设置参数以外的其他参数，建议不要轻易改动。若想修改请仔细阅读整个程序并注意以下三点：① 发送端的每符号样点数、每数据包符号数和发送数据包数这三个参数决定了接收端的接收样点数；② 基于数据的完整性考虑，每帧数据包数这个参数反馈到前面板的值不能大于 1；③ 接收端的接收信号门限值可以根据实际接收信号功率进行调整。

实验报告

学生姓名		学号		指导教师	
实验名称	多输入多输出系统实验				
实验任务	完成 STBC_encode、STBC_decode 这两个子程序				
实验平台搭建	（注：请用简图示意本实验中硬件的连接方式。）				
程序设计	（注：请附实验任务中的各程序的框图，并简述设计思路。）				

遇到的问题与 解决办法	
实验结果与分析	
实验扩展	（1）多天线技术不仅能提高传输可靠性，还能提高传输有效性。本实验是利用空时分组编码来获得分集增益，提高传输可靠性。学生可以改变编码方式，利用多天线的复用特性提高传输有效性，提升图像显示帧率。 （2）采用不同的基带调制方式进行实验，并对不同调制方式的性能进行比较。
心得体会	

参 考 文 献

［1］杨宇红，袁焱，田砾，等. 基于软件无线电平台的通信实验教学［J］. 实验室研究与探索，2015，34（4）：186-188.

［2］刘晋霞，胡仁喜，康士廷，等. LabVIEW 2012 中文版虚拟仪器从入门到精通［M］. 北京：机械工业出版社，2013.

［3］National Instruments. Learn LabVIEW［EB/OL］.［2016-10-27］. http://www.ni.com/academic/students/learn-labview/zhs/.

［4］National Instruments. What is NI USRP hardware［EB/OL］.（2015-04-01）［2016-10-27］. http://www.ni.com/white-paper/12985/zhs/#toc1.

［5］National Instruments. Introduction to LabVIEW［EB/OL］.［2016-10-27］. http:// www.ni.com/getting-started/labview-basics/.

［6］陈树学，刘萱. LabVIEW 宝典［M］. 北京：电子工业出版社，2011.

［7］National Instruments. Front panel［EB/OL］.［2016-10-17］. http://www.ni.com/ documentation/en/software-defined-radio-device/latese/usrp-2920/pinout/.

［8］National Instruments. 采集模拟信号：带宽、奈奎斯特定理和混叠［EB/OL］.（2016-06-24）［2016-10-27］. http://www.ni.com/white-paper/2709/zhs/.

［9］冯玉珉. 通信系统原理［M］. 北京：北京交通大学出版社，2007.

［10］National Instruments. 眼图与数字信号测试［EB/OL］.［2016-10-27］. http://digital.ni.com/public.nsf/allkb/0B20F0575F5F3CFF86257B04003F841C.

［11］National Instruments. 数字定时：时钟信号、抖动、迟滞和眼图［EB/OL］.［2016-10-27］. http://www.ni.com/white-paper/3299/zhs/.

［12］MOLISCH A F. 无线通信［M］. 田斌，帖翊，任光亮，译. 2 版. 北京：电子工业出版社，2015.

［13］WG802.11-Wireless LAN Working Group.802.11a-1999-IEEE Standard for Telecommunications and Information Exchange Between Systems-LAN/MAN Specific Requirements-Part 11: Wireless Medium Access Control (MAC) and physical layer (PHY) specifications: High Speed Physical Layer in the 5 GHz band [S].［2016-10-27］. http://standards.ieee.org/findstds/standard/ 802.11a-1999.html.

［14］Robert W. Heath Jr. Lab 6: OFDM Modulation & Frequency Domain Equalization［EB/OL］.［2016-10-26］. http://download.ni.com/pub/devzone/tut/lab_6_sample_manual.pdf.

［15］SCHMIDL T M, COX D C. Robust frequency and timing synchronization for OFDM[J]. IEEE Transactions on Communications, 1997, 45(12): 1613-1621.

［16］MOOSE P H. A technique for orthogonal frequency division multiplexing frequency offset correction [J]. IEEE Transactions on Communications, 1994, 42(10): 2906-2914.